スマートシェアリングシティ

SMART SHARING CITY

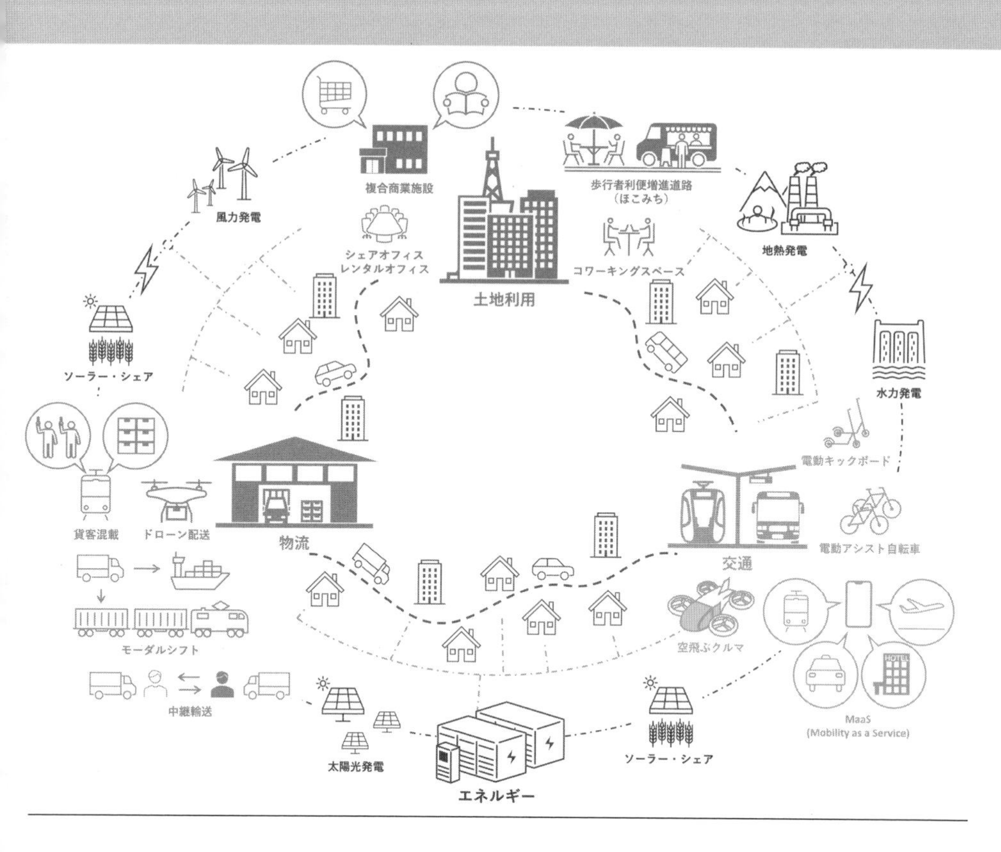

森本章倫　長田哲平【編著】

土木学会エネルギー委員会　スマートシェアリングシティ研究小委員会

古池弘隆　中井秀信　古明地哲夫　越野隆夫　松橋啓介
渋川剛史　伊藤克広　大門　創　浅野周平　松本隼宜
高山宇宙　加納壮貴　冨岡秀虎

目　次

はじめに

本書ではスマート・シェアリング・シティ（Smart Sharing City）と名付けた新しい概念で人々の幸せな生活を目指す新たな都市や社会のあり方を提案している。本書は6章から構成されているが、まずその背景と問題意識について論じてみたい。

日本では2010年をピークに急激な高齢化と少子化による人口減少が進んでいる。2023年度の日本の合計特殊出生率は1.20とこれまでの最低記録を更新した。一方、世界の人口は81億人を超え、アフリカやアジアなどの発展途上国を中心に人口増加が続いている。

また産業革命以降の化石燃料を中心としたエネルギー革命は、大気中の二酸化炭素などの温室効果ガスの増大をもたらし、地球の平均温度は上昇を続けている。その結果、世界的な平均気温の上昇を産業革命以前に比べて1.5度以内に抑えようというパリ協定で締結された国際的な目標は、達成が困難となっている。

20世紀初頭にアメリカで始まった大量生産方式は工業製品の価格の低廉化により、消費者の生活水準の向上をもたらした。しかしその一方で大量生産・大量消費・大量廃棄というリニア・エコノミーが進行し、限られた資源の浪費につながった。また大量廃棄による環境の悪化は人類社会の持続可能性を危機に陥れている。

具体的な例として自動車を取り上げてみよう。ヘンリー・フォードが1908年に世に出したT型フォードは1920年代半ばには全米で1500万台を超え、モータリゼーションの波が世界に広がっていった。自家用車は人々の活動範囲を拡大し、都市の構造そのものの変化をもたらした。この傾向は先進国から途上国へと拡散し続けており、このことが『20 世紀は自動車の時代』と言われる所以となっている。しかし過度のモータリゼーションは交通渋滞や交通事故の増大、中心市街地の空洞化と都市機能の郊外部へのスプロール化、公共交通の衰退など負の影響を増加させている。とりわけ化石燃料からの二酸化炭素の排出による交通部門での地球温暖化への影響は異常気象の増加と激甚化を加速させており、人類の生存にも深刻な悪影響を及ぼしている。

このような現状および近い将来への予測からも見られるように、世界的な人口増加の傾向は先進国では収斂に向かう一方、発展途上国を中心に更なる増加が予測される。そのため有限の資源を惜しみなく利用してきたこれまでの経済活動は遅かれ早かれ破綻せざるを得ない。いまや過去からの延長上でものを考える従来型の思考形態から、新たな考え方にもとづいた都市や経済の在り方に大きくパラダイムシフトをする必要に直面しているといっても過言ではない。

すなわち、限られた資源の有効活用と環境への負荷の低減を図るために上述のリニア・エコノミーからリユース・リデュース・リサイクルの3Rを目指す循環型経済（サーキュラー・エコノミー）への転換が求められる。さらに、これまでの個人で物を所有するという価値観から、物やサービスを複数の人々の間で共有（シェア）するシェアリング・エコノミーが広まりつつある。

本書では上記の背景や課題に対する解決策としてスマート・シェアリング・シティという新しい計画理念を提案するものである。

第 1 章では、世界に先駆けた我が国の少子・高齢化の実態と今後の動向、カーボンニュートラル社会への転換による持続可能でレジリエンスの高い社会への方向性を論じている。

第 2 章では都市計画分野での変化を概観している。20 世紀型のモータリゼーションを前提とした画一的なモダニズムの都市計画から、多様性・包摂性などを重視する持続可能な人間中心の都市への回帰が求められている。こうした観点から既存の都市モデルについてコンパクトシティとスマートシティの比較を行なった。今後の都市計画の方向性について6つの要素を提示し、近年発達が目覚ましいサイバー空間とフィジカル空間の融合による新たな都市モデルを論じている。

第3章ではスマート・シェアリング・シティの歴史的な経緯について概観している。シェアリングの考え方は必ずしも新しく始まった概念ではなく、日本では江戸時代に共有社会として広く浸透していた。近代における個人主義の台頭によりシェアリングはいったん衰退していたが、最近広く見直されてきている。

第4章において本書の主題であるスマート・シェアリング・シティについて提案している。「スマート」の定義としては、経済的価値と社会的価値の向上、「シェアリング」は共同利用の行動と適正分担の状態と定義づけられている。資源の効率的な利用の必要性に加え、情報通信技術（ICT）の急速な発展がシェアリングの進展を促進している。

第5章ではスマート・シェアリング・シティに向けた技術と政策について、都市分野・物流分野・交通分野・エネルギーに分けて事例を交えて論じている。都市分野では都市施設のシェアリングとしてモビリティハブなどがあげられる。また交通分野ではライドシェアなどDXやAIの活用、物流分野では宅配ボックスなど、エネルギーについては、地域マイクログリッドが期待される。

最後の第6章はスマート・シェアリング・シティの実現に向けての展望である。まずスマート・シェアリング・シティの中の共同利用と適正分担に関する手法（整備・規制・誘導）とそれを支援する情報基盤プラットフォームについて述べている。都市計画については段階的な都市OSの導入の必要性が検討されている。

第1章　都市計画を取り巻く環境の変化

1-1 人口動態

1-1-1 日本の少子高齢化と人口減少

世界人口は過去 50 年間に倍増し、80 億人に達した。都市人口は 5 倍以上に増え、40 億人を超えた。その増加のペースは衰えていないようにみえる。一方、日本の人口は頭打ちから減少に転じている。近年にどの国も経験したことのないような少子高齢化と人口減少を迎えている。これに加えて、都市化が加速し、都市人口の割合は半分から 9 割超へと増加した（図 1-1)。

2020 年の日本の総人口は、減少に転じているとはいえ、30 年前の 1990 年と比べるとほぼ同じ水準である。団塊の世代が 65 歳以上の老年人口に到達するとともに、平均寿命が 6 年ほど長くなったことにより、65 歳から 74 歳の前期高齢者人口は約 2 倍に、75 歳以上の後期高齢者人口は約 3 倍と大幅に増加した。15 歳から 64 歳の生産年齢人口

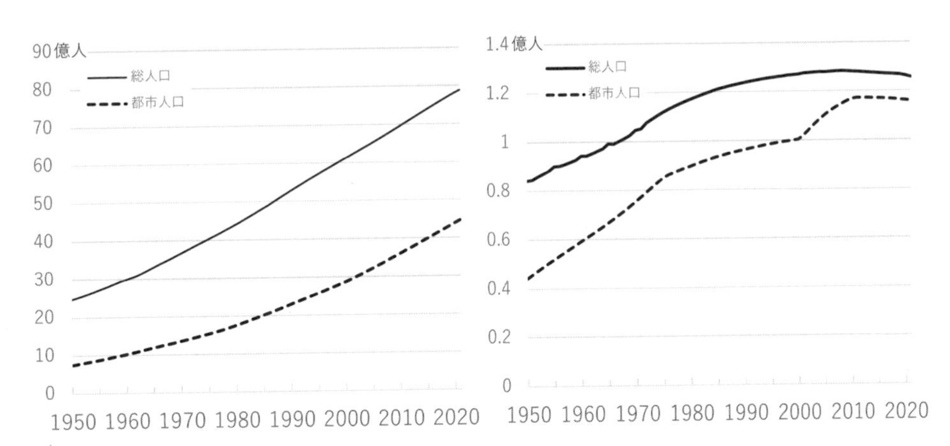

図 1-1 世界と日本の人口推移（億人） 1)2)を参考に作成
左：世界、右：日本

表 1-1 2020 年の 30 年前と後の年齢別人口変化の概略 [3) 4)]を参考に作成

	30年前から	30年後には
75歳以上	+210%	＋31%
65-74歳	+100%	−17%
15-64歳	−13%	−26%
14歳以下	−33%	−31%
合計	＋ 2%	−17%

は 0.9 倍と微減し、14 歳までの年少人口は 0.7 倍に減少した。

一方、2020 年と比較して、30 年後の 2050 年には、日本の総人口は約 0.8 倍になる。前期高齢者人口は 0.8 倍に微減するものの、後期高齢者人口は 1.3 倍と増加を続ける。15 歳から 64 歳の生産年齢人口は 0.7 倍、14 歳までの年少人口も 0.7 倍と減少する。

30 年前から 30 年後にかけて、年少人口は半減となる。生産年齢人口も、継続して総人口より速いペースで減少し、総人口に占める比率は低下を続ける（表 1-1）。

すなわち、日本全体では、大きな人口減少はまだ経験していないが、少子化が起き、それ以上に急激な高齢化を経験したといえる。今後は、高齢化と少子化が継続するとともに、生産年齢人口の減少がさらに顕著となり、本格的な人口減少を迎えることとなる。また、生産年齢人口の比率は引き続き低下し、社会保障費等の増加と経済成長の阻害といった人口オーナスが生じ続ける。したがって、世界における日本の人口と経済の相対的な規模の低下はこれからしばらく続くことが予想される。

1-1-2 年齢別人口とインフラの均衡

こうした変化は全国的な傾向ではあるが、各地で同様に生じるわけではない。魅力のある地域では生産年齢人口や総人口の減少は起こりにくい一方、他の地域では平均以上に急激に減少し、より不便な地域ではやがて人がいなくなり消滅する。非都市における人口の減少が著しく、いわゆる過疎の傾向が続いている。

年齢別人口の偏りは、これまでも、各年齢に特徴的な施設の不足や余剰等の非効率的状況を生じさせてきた。大規模な新規開発は、住宅一次取得層を入居対象とした結果、世代に偏りを生じさせ、一時的に大量の小学校、中学校を必要とする地域を生み出した。その後は、大量の老人福祉施設を急速に必要としており、後期高齢者向けの施設やサービスは今後もさらに必要となる。

全国的にも、高度経済成長期に団塊の世代が住宅を求める際に郊外型ニュータウンが成長した。その後、生産年齢人口の減少と平均寿命の伸長の影響も受けて、一斉にオールドタウンとなり、コミュニティの維持が困難になっている。また、生産年齢人口の減少に伴って自治体経営も困難になっている。人口の構成にあわせて都市施設を維持・整備するだけでなく、今後は、相対的に条件の整った地域を選んで都市施設と居住人口を計画的に誘導し、継承することが必要となっていく。

若い世代の人口減少はきわめて急速かつ深刻であり、やがて消失する勢いにみえる。また、空き家が増加しているため、ごく一部の地域を除いては新規の床需要が著しく低下することが予想される。その場合、容積率拡大型の再開発は困難になり、改修や修繕による老朽化対応が必要になる。また、都市施設と人口の均衡を保ち、地域を維持・継承するためには、床の所有から利用に転換させ、社会経済活動に求められる機能を近距離に用途混在させることが有効になる。

生産年齢人口の減少に対応するためには、労働力の多様性が重要になる。具体的には、前期高齢者と女性、外国人の雇用増加が期待される。子育てと介護とを自助に頼らず、地域社会の共助や公助で担うことは、労働力確保と地域活力の向上に資すると考えられる。学び直しによって新たな雇用機会に適した技能を身につけることも求められる。また、特に、年少人口の減少に歯止めをかけるためには、仕事と出産・育児とを両立させやすい環境を住居と職場の双方で整えるとともに、複数の子ども部屋を確保できるような広い住宅を便利な場所に安価に提供することが極めて重要である。また、部活動や学習の場を地域の公共の場で提供することも重要であろう。これは、将来の日本の存亡を左右する最優先の課題である。

1-2 カーボンニュートラル

1-2-1 ゼロカーボンシティ宣言

2015 年にパリ協定が採択され、「世界的な平均気温上昇を工業化以前に比べて 2 ℃より十分低く保つとともに、1.5℃に抑える努力を追求すること」、「今世紀後半に温室効果ガスの人為的な発生源による排出量と吸収源による除去量との間の均衡を達成すること」が世界共通の長期目標として合意された。

地球温暖化問題への対処の必要性は 1990 年代から指摘されてきた。近年、気候変動に伴う豪雨や猛暑のリスクが顕在化し、社会・経済活動へ及ぼすさまざまな影響が広く懸念されるようになり、私たち人類や生物の生存基盤を揺るがす「気候危機」として認識されるように状況が変化した。

日本政府は 2020 年に、2050 年までに温室効果ガスの排出を全体としてゼロにする、カーボンニュートラル（炭素中立）を目指すことを宣言した。国内自治体においても、2024 年 12 月末時点で 47 都道府県中 46 都道府県、792 市中 624 市、23 特別区のうち 22 特別区、743 町中 377 町、183 村中 58 村が「ゼロカーボンシティ」を表明しており、それぞれに 2050 年二酸化炭素実質排出量ゼロに向けて取り組もうとしている。

1-2-2 カーボンニュートラル社会への転換

カーボンニュートラルは、低炭素に向けた対策でもある「エネルギーサービス需要の低減」、「エネルギー効率の改善」、「エネルギーの化石燃料等から電力への転換」、「各エネルギーの低炭素化」を強化し、「残る炭素を吸収・固定するネガティブ排出対策」によって実質排出量ゼロとなり、達成可能とされる(**図 1-2**)。しかし、その実現は容易ではないため、供給者側からのトップダウンの取り組みだけでなく、消費者側からのボトムアップの取り組みも同時に重要である。そのため、カーボンニュートラルな生活とそれを支える地域の姿を明らかにして、そこに向かうロードマップを共有し、相互に転換を進めることが有効である。

2050 年に向けては、カーボンニュートラル（炭素中立）社会への転換だけでなく、資源循環型のサーキュラーエコノミー（循環経済）および、生物多様性を保全するネイチャーポジティブ（自然再興）社会への転換も課題として注目されつつある。カーボンニュートラル化を進める際には、相反する（トレードオフ）効果が起きないように留意しつつ、相乗的な（シナジー）効果が得られる施策や取り組みを進めることが望ましい。たとえば、サービサイジング（脱物質化）やシェアリングによるモノ消費の削減や省資源化は、カーボンニュートラル

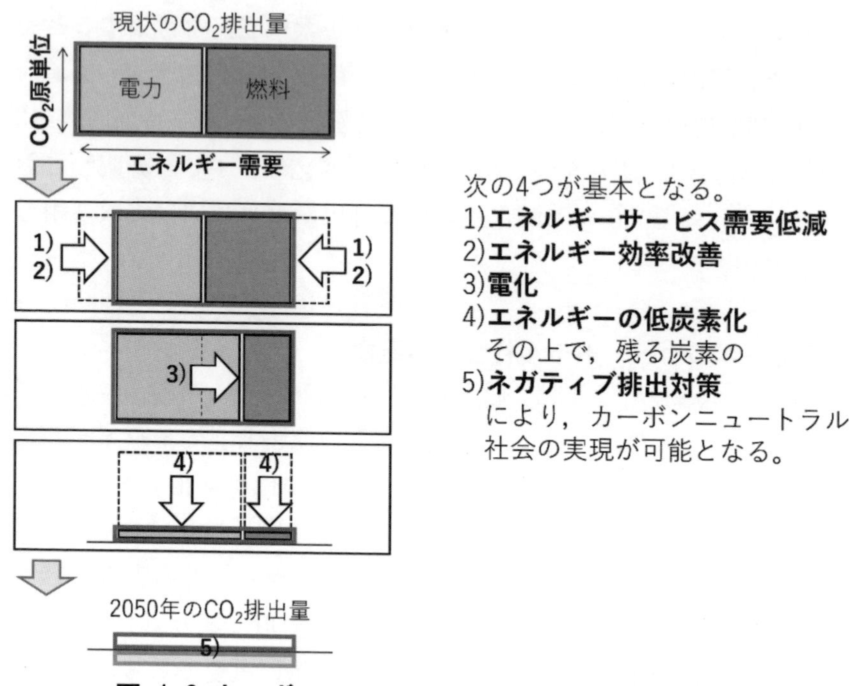

図 1-2 カーボンニュートラルに向けた対策の枠組み

とサーキュラーエコノミーの双方に共通する方向性である。都市緑化や都市農地は、カーボンニュートラルとネイチャーポジティブの共通の方向となりうるが、再生可能エネルギーの大量導入は、生物多様性への圧力とならないように留意する必要がある。

近年、国内各企業は、気候変動の影響が事業に与えるリスクを評価するとともに、カーボンニュートラルへの対応に伴う事業チャンスを生かす戦略を立てることで、中長期的な投融資を受ける取り組みを進めている。同様の中長期的な戦略の立案は、まちづくりに関する投融資においても求められる可能性がある。都市を構成する建築物や土木インフラの一部は、2050年以降も予定の償却期間が残る。カーボンを多く排出するタイプの建築物や土木インフラは、カーボンニュートラル社会において負の遺産となる可能性が高い。カーボンニュートラル、サーキュラーエコノミー、ネイチャーポジティブの要請を満たしつつ生活の舞台として選択され続けるためには、システム的な効率性（efficiency）を向上させると同時にデザイン的な快適性を向上させることが必要になると考えられる。

1-3 持続可能性

1-3-1 持続可能な発展の目標

持続可能な発展の目標は、国連のSDGs（Sustainable Development Goals）として2030年までに達成すべき17の目標と169のターゲットが良く知られている。環境と経済と社会のバランスを保つ目標の達成にすべての国と人々が協力しあって取り組むことで、誰ひとり取り残さない包摂性（inclusion）を目指している。

国立環境研究所では、環境と経済と社会からなる持続可能性のトリプルボトムラインの向上に個人の幸福感（well-being）の向上を組み合わせて、環境と経済と社会と個人の4つを挙げ、持続可能な発展の目標を4分野の12目標に整理し、SDGsの17の目標やOECDのより良い暮らし指標（Better Life Index）の11の指標との対応関係を示した（**図 1-3**）。その上で、経済のうち特にGDP成長を重視するシナリオと、環境と社会と個人の多様な発展を目指す持続社会重視シナリオの2つを提示した[5)]。

GDP成長重視シナリオでは、経済の中でもGDP成長を重視し、モノの私有を前提に、個別の効用の合計が最大になることを目指す。潜在的な価格を含めて内部化するしくみが整わない場合、時間、空間、

図 1-3 持続可能な発展と 4 分野 12 目標 [5)]

資源等が安い価格で過剰に消費され、持続的でなくなりがちな点が問題である。

持続社会重視シナリオでは、経済だけでなく環境と社会と個人の多様性（diversity）のある発展を重視し、持続可能性と発展の両立のため、基盤となる社会的共通資本の充実と資源の保全を目指す。より具体的には、健康、生活の質、自己実現の個人面の健全性を尊重し、その基盤となる信頼・規範、伝統文化・コミュニティ、参加・ガバナンスの社会面の健全性と、GDP、分配、均衡の経済面の健全性を保ち、さらにこれらの根本的な基盤となるカーボンニュートラル、サーキュラーエコノミー、ネイチャーポジティブの環境面の健全性を保ち、向上させる。そのために、脱成長やコモンズ、公共善を基本とした経済・社会に転換する必要があるとの指摘[6)7)]も、いくつか見られる。

持続社会において、こうした公益性（public benefits）を達成するために、都市計画には多くの役割が期待される。たとえば、用途や容積、建物高さ等にルールを設け、規制することで、近隣における利害の対立を防ぎ、公平性を保つ。豊かな公共空間を設けることで、生活の質を高める。公共交通等の公設民営は、社会的共通資本を充実させる際の中核的な手法となる。コンパクト・シティ＋ネットワークは公共交通と土地利用の融合により効率的な都市システムを広く提供する。MaaS（Mobility as a Service）は、シェアリング交通をアクセス・イグレスへ活用することにより公共交通との組み合わせ利用を容易にする。プライベートとパブリックの境界に属するセミパブリックス的空間（シェアハウス、コ・ワーキングスペース、スポーツジム、プール、公衆浴場、公園等）を充実させ、ICT（Information and Communication Technology）を用いて時間・空間を部分的・効率的に占有利用可能とすることは、持続的な豊かさを提供することにつながる可能性がある。

1-3-2 レジリエンス

感染症や戦争、大規模な地震や水害により、直接的な被害や間接的な影響にさらされる機会が増えている。また、これらへの反応として、社会自体にも大きな変化が生じている。しかし、人口動態や気候変動、持続可能性に関する中長期的なストレスに比較すると、これらの事象を短期的なショックを与える出来事ととらえることも可能である。社会のレジリエンスが高ければ、やがて回復して元の状態に戻り、揺り戻しを起こすことさえあるかもしれない。

しかし、中長期的なストレスが背景にあることに起因する短期的なショックの現われととらえることが妥当なケースもある。人間の活動範囲の拡大が想定外の感染症の伝搬の危険性を増しており、エネルギー・資源の逼迫や世界のパワー・バランスの変化が地政学的リスクの上昇を招いており、気候変動が水害の深刻化を招いているのだとすれば、短期的なショックが起きる頻度は上がり続ける可能性がある。

すなわち、短期的なショックに対するレジリエンスの向上だけでなく、これらの出来事のもとにある中長期的なストレスの緩和を目指すことが重要である。また同時に、これまでにない新しい環境の変化に適応することができるように、より高次なレジリエンスを備えた、ガバナンスが機能しやすい社会へと転換することこそが求められているといえる。

参考文献

1) United Nations: World Population Prospects 2022.
2) United Nations: World Urbanization Prospects 2018.
3) 総務省：国勢調査.
4) 国立社会保障・人口問題研究所：日本の将来推計人口（令和 5 年推計).
5) 松橋啓介：環境・経済・社会・個人の統合による持続可能社会への転換．都市計画 354, 64-67. 2022.
6) クリスティアン フェルバー：公共善エコノミー．鉱脈社，2022.
7) 斎藤幸平：人新生の「資本論」．集英社，2020.

第2章　今後の都市計画の方向性

持続可能な社会への対応として提案されたコンパクトシティ政策が議論されて久しい。もともとは環境負荷低減のための都市モデルであるが、わが国では特に人口減少社会に対する政策としても期待されている。1990年代頃からコンパクト化の議論が活発化し、2014年には都市再生特別措置法が改正され、立地適正化計画によるコンパクトなまちづくりの取組が続いている。現在で立地適正化計画の作成について具体的な取組を行っている都市は747団体（2024年3月時点）[1)]にも及ぶ。

一方で2010年代頃から情報通信技術（ICT）を活用して都市問題の解決を図るスマートシティが国内外で注目を集めている。わが国では第5期科学技術基本計画（2016～2020年度）で、サイバー空間（仮想空間）とフィジカル空間（現実空間）を高度に融合させたシステムにより、経済発展と社会的課題の解決を両立する、人間中心の社会（Society 5.0）が掲げられた。スマートシティとはこの超スマート社会（Society 5.0）の先行的な実現の場として定義されている。2020年2月に発生した新型コロナウイルス（COVID-19）のパンデミックによって、現実空間（フィジカル空間）の移動制約を余儀なくされた多くの人々は、仮想空間（サイバー空間）の活用が急激に増えた。特に、自宅に居ながら仕事をするテレワークや、インターネットを活用して買い物をするオンラインショッピングなどが急速に進んだ。

フィジカル空間を対象に人口減少に合わせて賢く市街地を縮退するコンパクトシティ政策と、サイバー空間を有効に活用して都市問題を解決するスマートシティの双方を取り入れた都市政策の推進が期待されている。本章ではこれまでの計画概念を整理しつつ、今後の都市計画の方向性について、特にフィジカル空間とサイバー空間の融合に焦点をあてて考察する。

2-1 既存の計画概念の整理

2-1-1 近年の都市モデルの系譜

都市が抱える様々な問題に対応するため、これまで時代や地域の諸課題にあわせた都市モデルが提案されてきた。例えば、重工業の発達による劣悪な都市環境の改善を前提に提案された「田園都市(1898 年)」[2)]や、都市過密化の問題を高層ビルによって立体的な解決を試みた「輝く都市 (1930 年)」[3)]などが挙げられる。近代化によって生じた都心の住環境悪化という都市問題に対して、前者は良好な郊外都市の建設という 2 次元的な問題解決を提案し、後者は建築技術を用いた 3 次元的な解法と解釈することもできる。あるいは 1920 年代の米国から始まったモータリゼーション（自動車の大衆化）は沿道環境の悪化や交通事故の増加など、新たな都市問題を発生させた。このような自動車社会の進展に伴うコミュニティの崩壊に対して近隣住区論（1929 年）[4)]が提案され、その後「都市の自動車交通（1963 年）[5)]」でも、通過交通のための空間（都市の廊下）と居住空間（都市の部屋）の分離と、道路の段階構成の重要性が説かれた。1970 年代になると、大量生産・大量消費の経済活動に対して「成長の限界 (1972 年)」[6)]が指摘され、国連から「われら共通の未来（1987 年)」[7)]として持続可能な開発(sustainable development)の重要性が示された。

このように過密解消、環境改善、コミュニティ維持などのその時代の都市問題の改善から始まり、近年では将来に向けての持続可能性が重要な項目となっている。特に 1990 年代以降、環境負荷低減のための持続可能な都市モデルとして「コンパクトシティ」が注目され、先

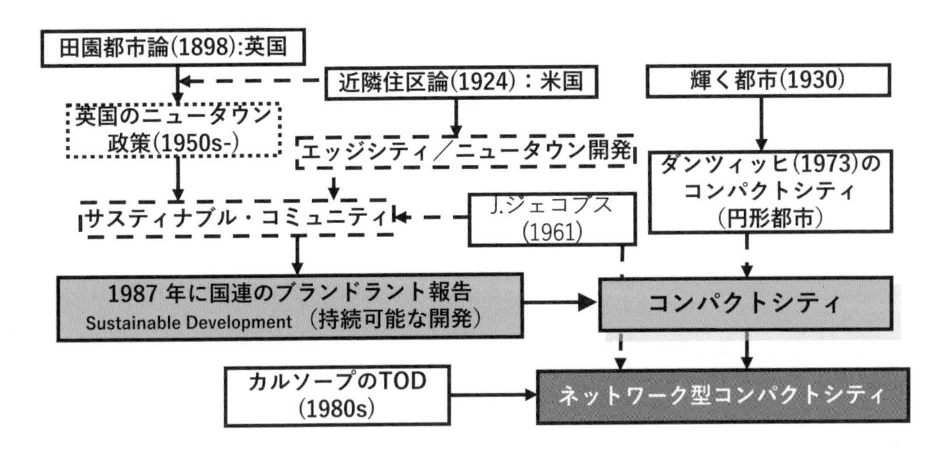

図 2-1 都市モデルの系譜

進国を中心にその実現に向けた政策が推し進められている（図 2-1）。2000 年代になると地球温暖化を一因とする激甚化する災害への対応が喫緊の課題となり、2010 年代になると情報通信技術（ICT）を活用したスマートシティの社会実装化が始まった。近年では、2020 年初頭から始まった新型コロナウィルスへの対応として緑地や公共空間の重要性が再認識され、ポストコロナのまちづくりが進められている。例えばパリでは、住む、働く、買い物する、医療やケアを受ける、学ぶ、楽しむという 6 つを短い移動距離でアクセスする 15 分都市（15-minute city）が都市モデルとして注目を集めた。このアプローチは、自動車依存を減らし、健康的で持続可能な生活を促進し、都市生活者のウェルビーイングと生活の質を向上させることを目的としている。わが国でも 2020 年に国土交通省から「新型コロナ危機を契機としたまちづくりの方向性」が提案され、まちづくりのデジタル基盤を整備しつつ職住近接のまちづくりの推進が奨励された[8)]。

現時点（2024 年時点）で、社会生活におけるコロナの影響は極めて小さくなっているが、今後も多様な人為的災害の発生リスクの軽減に取り組む必要がある。さらに、わが国では急速に進む人口減少下での自然災害への対応が極めて重要な課題である。都市経営の観点からも都市の持つ集積のメリットは活かして、国際競争力の強化やコンパクトシティ政策などは引き続き進める必要がある。また、人口増加期に定着したモデルや制度に対して大きな変革が求められている。

第 1 章で示した都市計画を取り巻く環境の変化に、現在提案されている都市モデルは十分に対応可能であろうか？　ここでは、近年注目されている都市モデルとして、コンパクトシティ、スマートシティ、スマートウエルネスシティ、シェアリングシティを取り上げて、その概念を整理する（図 2-2）。

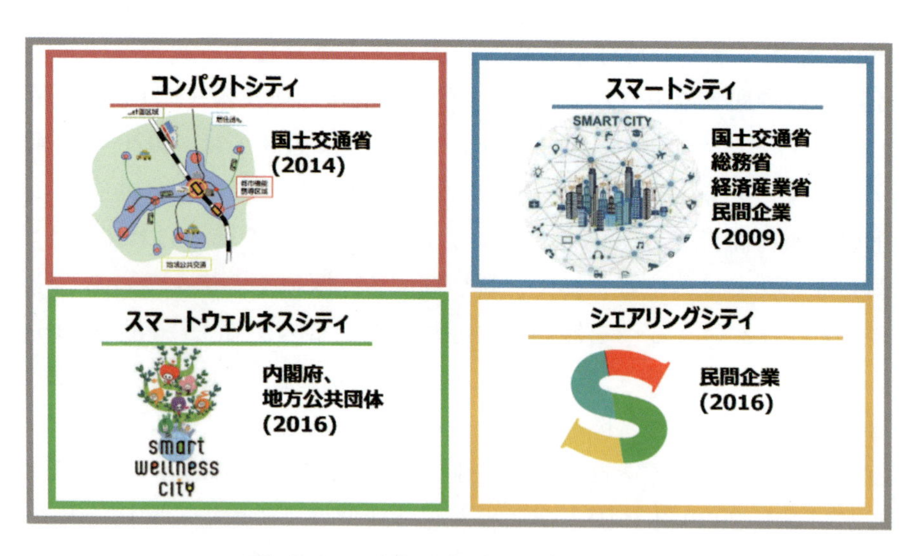

図 2-2　近年の都市モデルの比較

まず、既存文献から各都市モデルの定義について簡単に紹介する。最初にコンパクトシティとは、「市街地の拡大を抑制し、中心部等に生活に必要な機能が集約された持続可能な都市」のことである。国交省では、人口減少・高齢化が進む中、特に地方都市においては、地域の活力を維持するとともに、医療・福祉・商業等の生活機能を確保し、高齢者が安心して暮らせるよう、地域公共交通と連携して、コンパクトなまちづくりを進めることが重要としている[9)]。次に、スマートシティとは、「都市の抱える諸課題に対して、ICT 等の新技術を活用しつつ、マネジメント（計画、整備、管理運営等）が行われ、全体最適化が図られる持続可能な都市または地区」のことである[10)]。また、Smart Wellness City（スマートウエルネスシティ）は、「ウエルネス（健幸：個々人が健康かつ生きがいを持ち、安心安全で豊かな生活を営むこと）」をまちづくりの中核に位置付け、住民が健康で元気に幸せに暮らせる新しい都市モデルである[11)]。最後に、シェアリングシティは、少子高齢化や人口減少、子育て・教育環境の悪化、財政難などの課題を公共サービスだけに頼らず、市民ひとりひとりが「シェア」しあうことで解決し、自治体の負担を削減しながら、サステナブルで暮らしやすい街づくりを実現することを目的としている[12)]。

この4つの都市モデルの違いを把握するため、サイバー空間とフィジカル空間の視点から相対的に分類すると**図2-3**のように整理することができる。コンパクトシティが土地利用やインフラなどの都市構造の変化に焦点をあてたモデルであるのに対して、シェアリングシティやスマートウエルネスシティは人の行動変容による問題解決を目指している。一方で、スマートシティはサイバー空間を活用した都市問題の解決を目指している点に特徴があると言える。

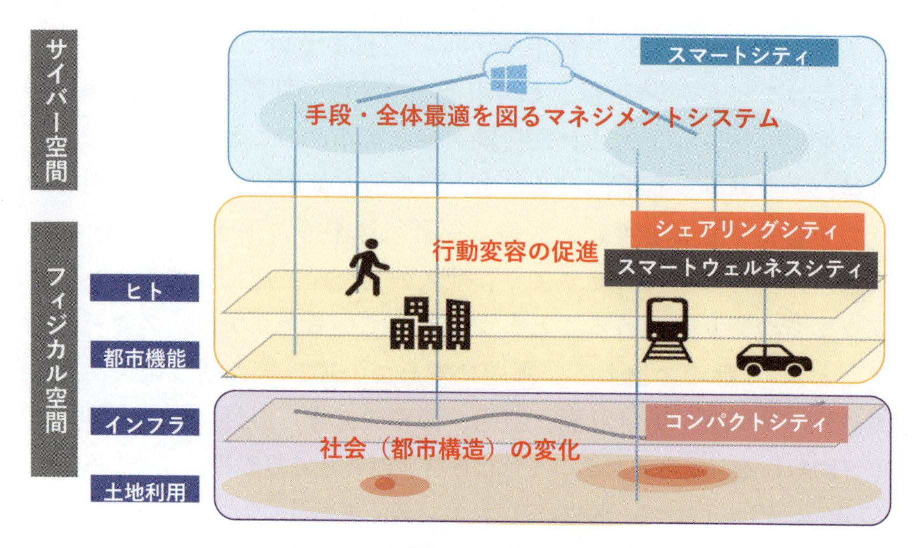

図 2-3 各都市モデルの分類

2-1-2 コンパクトシティとスマートシティの違い

都市政策として注目を集めているコンパクトシティ政策とスマートシティ政策に絞って比較すると、どちらも持続可能な都市の実現を目指しているが、その特徴は多くの点で異なることが多い（表 2-1）。例えば、コンパクトシティは実在する都市空間を対象としているため直接見ることができるが、スマートシティは情報のやり取りなので見

表 2-1 コンパクトシティとスマートシティの比較

都市像	コンパクトシティ	スマートシティ
対象	空間	情報
視認性	可視	不可視
原理	縮退	拡張
手法	計画・マネジメント	情報統合技術
主体	公的中心	民間中心
期間	長期	短期

ることができない。また、コンパクトシティは自治体などの公的機関が中心となり長い時間をかけて緩やかに変化させるのに対して、スマートシティは民間企業が主体となり比較的に短い期間での成果が期待される。また、前者は空間の縮退を原理にして計画やマネジメント技法によって達成するのに対して、後者は情報の拡張を原理として高度な情報統合技術によって実現する。

どちらも政策実施初期には大きな問題は発生しにくいが、各政策が進むとトレードオフの関係が発生することが懸念される。例えば、情報通信技術の進展により駅から離れた場所でも様々な交通サービスが提供できるようになれば、駅周辺に居住することのメリットは相対的に減少する可能性がある。公共交通指向型開発（TOD）による都市構造のコンパクト化に対して、MaaS による交通利便性の向上は郊外居住も支援するためである。

2-2 今後の都市計画の方向性

2-2-1 先進諸国における都市計画の方向性

2023 年 7 月に香川県高松市においてわが国初となる G7 都市大臣会合が開催された。都市大臣会合の開催は 2022 年のドイツ会合に続く２回目の開催であり、「持続可能な都市の発展に向けた協働」をテーマとして議論がなされた。その後、会合の成果としてＧ７都市大臣コミュニケが提示され、その中で３つのキーワードが示された(**図 2-4**)[13)]。

まずは、ネットゼロ、レジリエンスである。これは、気候変動への対応や災害に強いまちづくり等に向けた都市の取組の方向性である。

次に、インクルーシブであり、これは SDG s の基本的な考え方である「誰一人取り残さない（No one will be left behind)」という大前提のもと、多様なニーズを考慮した都市の実現を目指している。最後に、様々な都市の課題に対応するため、デジタル技術の活用方策についてである。これらの議論をもとに、都市計画を行う上で重要な空間計画（Physical Planning）と社会計画（Social Planning)、および技術体系を対応させると**図 2-5**のように整理できる。

総じて、都市構造など外生的な空間要素に係る部分と、制度や組織など内生的な社会システムに係る部分の再構築を、デジタルなどの新技術を用いて達成することが都市計画の一つの方向性と理解することができる。

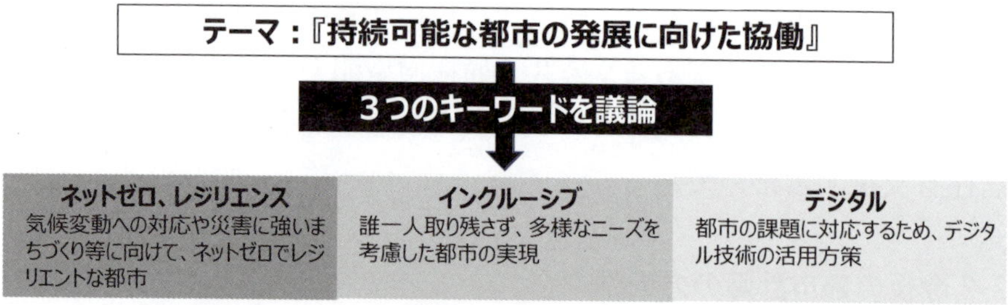

テーマ：『持続可能な都市の発展に向けた協働』
3つのキーワードを議論
ネットゼロ、レジリエンス
● ネットゼロの実現等に向け、都市の緑地の確保が重要
● 都市政策と交通政策を組み合わせた都市構造の再編やウォーカブルな空間の創出が重要
● 事前防災の推進等によるレジリエンス強化
気候変動への対応や災害に強いまちづくり等に向けて、ネットゼロでレジリエントな都市
インクルーシブ
● 女性や高齢者等を含む、誰もが暮らしやすく、アクセスしやすい都市の形成が重要
● 多様性のある地域コミュニティの形成を推進
● 地方都市・大都市が包括的に成長することの重要性を確認
● 優良事例の共有等により、自治体の政策形成を支援
誰一人取り残さず、多様なニーズを考慮した都市の実現
デジタル
● データの収集更新・標準化・オープン化の重要性を確認
● デジタル技術の有用性を示すため、ユースケース開発の重要性を確認
● 誰もがデジタル化の恩恵を受けられるよう、特に中小自治体の人材育成を推進
都市の課題に対応するため、デジタル技術の活用方策

図 2-4 G7で提示された３つのキーワード

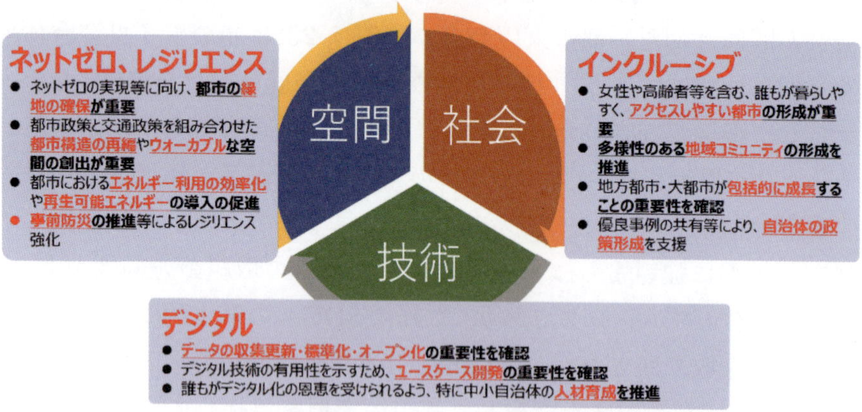

図 2-5 ３つのキーワードと都市計画の視点

2-2-2 新しい計画理念の構築に必要な要素

新しい都市計画の理念を提案する際に、その適性を正しく評価するための視座（ここでは要素）が必要である。そこで、先のＧ７都市大臣会合のコミュニケも参考にしつつ、今後の都市計画を考える上で極めて重要となる６つの要素を提示する（**図 2-6**）。まず、都市計画法第１条（目的）では、「都市の健全な発展と秩序ある整備を図り、もつて国土の均衡ある発展と公共の福祉の増進に寄与すること」を都市計画の目的としている。そのため、社会全体の秩序を維持する公共性と経済活動としての市場原理に係る要素として、公益性（public benefits）と効率性（efficiency）が挙げられる。続いて、G7 のコミュニケでも指摘されたインクルーシブに係る要素として、包摂性（inclusion）と多様性（diversity）を提示したい。前者は公共の福祉の増進とも関連し、後者は均衡ある発展や持続可能性とも関連する。最後に、計画目標に関する要素として、人々の生活水準（QoL）の向上とも関連する幸福感（well-being）がある。そして、上記の 5 つの要素が将来世代にわたって続くことが重要であり、社会システムとしての持続可能性

1. 公益性：持続可能な社会を実現するために個人的な便益だけでなく、社会的な便益にも着目すること
2. 包摂性：多様な価値観を認め、誰一人残さない社会システムを構築すること
3. 効率性：稼働していない資産を効率的に、複数の人や団体が、有形財を、異なる時間あるいは同じ時間に共同で利用すること
4. 多様性：多様な資源（リソース）をバランスよく活用すること
5. 幸福感：現存世代だけでなく、将来世代の人々のWell-beingの向上に寄与すること
6. 持続可能性：上記の5つの要素が将来世代にも続くこと

図 2-6 都市計画の方向性に関する視座

（sustainability）が挙げられる。今後の都市計画の方向性を考える上で、フィジカル空間とサイバー空間の融合に着目すると、フィジカルに存在する限りある時間や空間、あるいは多様な人々の営みを、サイバー空間における技術でどれだけ賢く共有できるかがカギとなる。そこで、6つの要素を資源の共有（シェア）という観点でまとめると**図 2-6**のように整理できる。

2-2-3 公益性（public benefits）

持続可能な都市モデルとして重要なのは、各個人や企業が自分たちの便益を向上させる行動をとった際に、都市全体としても便益が増加しているかである。社会全体の便益が増加することで、特定の個人や団体の便益が上がるだけでなく、都市で働いたり居住したりする多くの人々の暮らしの向上に寄与する。個人および社会の便益の双方が増加していることを、ここではスマート（賢い）と表現する（**図 2-7**）。

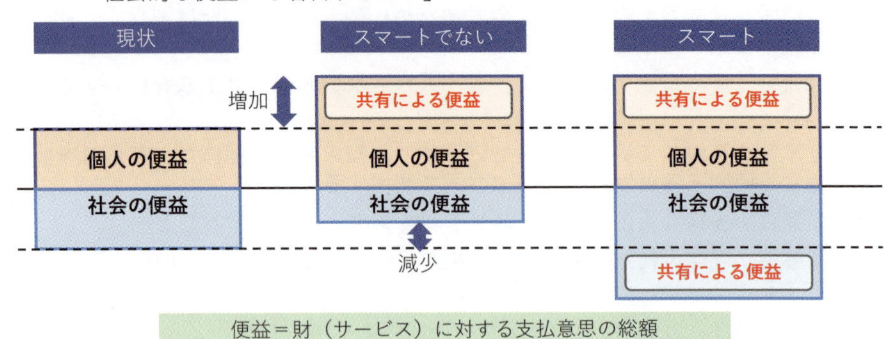

図 2-7 公益性：社会便益の向上

それではどのようにしてスマートな状態に近づけることができるか。仮に、個人が正しい行動をとったとしても、みんなで実施した場合に意図しない結果を生じることもある。これは経済学で「合成の誤謬」と呼ばれており、その解決には局所的な解ではなく、総合的な視点や分野横断的な対応が必要となる。また同様の事例として、社会において個人の合理的な選択が社会全体の最適な選択と一致しないことで生じる葛藤がある。これは、社会心理学で「社会的ジレンマ」と呼ばれ、解決法としては社会全体で守るべき制度やルールを作成するか、道徳教育などを通して個人の考え方や意識を変容することなどが挙げられる。都市計画においては、例えば田園都市レッチワース（英国）の運営にあたって、事業利益の全てを株主に還元するのではなく、ルール（定款）によって利益の大半を地域に再投資して、地域の価値を向上させた。残念ながらこの仕組みは、その後に一部の利益優先者への対応として国有化によって終焉を迎えたが、賢い利益配分の仕組みが自律性を担保した良例である[14)]。

2-2-4 効率性（efficiency）

市場経済の中で効率性の追求は基本原則である。できるだけ無駄を省き、効率的に資源や財を活用することは持続可能な都市モデルの根本にある考えである。脱炭素社会や人口減少社会において特に十分に活用されていない資源を、空間的にあるいは時間的に共同して利用することが重要となる。共有（シェアリング）することで限られた資源を有効利用できるともに、利用者個人にとっても様々なサービスを廉価で利用できるなどの便益が発生する。

様々な資源や財が集積する都市空間では、これまでも多様なシェアリングが実施されてきた。交通空間のシェアを例示すると、不特定の

効率性：稼働していない資産を効率的に、複数の人や団体が、有形財を、異なる時間あるいは同じ時間に共同で利用すること

事例：交通空間のシェア

- 空間的なシェア：一つの空間を同時に複数の利用者が利用すること
- 時間的なシェア：一つの空間を時間的に分けて複数の利用者が利用すること

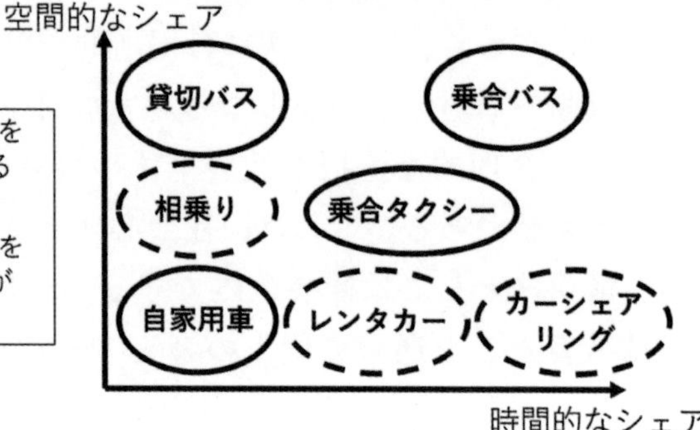

図 2-8 効率性：時空間のシェアリング

人が移動の際に時間および空間とも共有する乗合バスから、特定の人々が空間的なシェアだけする貸切バスや、一つの乗り物を複数の人が時間的にシェアするカーシェアリングなどがある（図 2-8）。近年では、情報通信技術（ICT）を用いて、これまで十分に活用されてこなかった資源や財を共有する仕組みが普及している。

2-2-5 包摂性（inclusion）

都市には様々な人が暮らしている。裕福な人から貧しい人、若年世代から高齢世代まで多様な人々が、互いに依存しあって都市が成立する。持続可能な開発目標（SDGs）の 17 目標では多くの目標の中に包摂性が含まれている。例えば、人に着目すると、あらゆる年齢のすべての人々に健康的な生活を確保し、福祉を推進すること（目標 3）やジェンダーの平等を達成し、すべての女性と女児のエンパワーメントを図ること（目標 5）などが該当する。また、都市レベルでは、すべ

- SDGs 3：すべての人に健康と福祉を
- SDGs 5：ジェンダー平等を実現しよう
- SDGs 10：人や国の不平等をなくそう

インクルージョン
（inclusion）

図 2-9 包摂性：多様な価値観

ての人々のための包摂的かつ持続可能な経済成長や雇用（目標 8）、または都市を包摂的、安全、レジリエントかつ持続可能にする（目標 11）などが関連している。都市よりさらに大きな視点でみると、国内および国家間の不平等を是正する（目標 10）にも包摂性の考え方があるといえる。今後、多様な価値観を認め、誰一人残さない社会システムを構築することがますます重要となる（**図 2-9**）。

先述した 2023 年の G 7 都市大臣コミュニケ[13)]でも 3 つのテーマの 1 つとして討議され、「インクルーシブな都市」は今後のまちづくりに極めて重要な視点である。コミュニケの中では、高齢者、子ども、女性、障害者、低所得世帯、マイノリティ、LGBTQIA+コミュニティ、先住民族など脆弱な立場にある人々、社会的に疎外された人々、不利な地域の人々に常に配慮し、インクルーシブを促進する社会空間的アプローチの重要性を強調している。先進7か国の中でも特に日本はこの問題への対応が遅れており、多様な人々の公共空間へのアクセス向上や、地域コミュニティの育成、あるいはハウジング・アフォーダビリティ（Housing Affordability）の推進など、今後の進展が期待される。

2-2-6 多様性（diversity）

持続可能な都市モデルとしてもう一つ重要な要素が多様性である。効率性だけを追求して特定の資源だけに過度に依存すると、社会環境が急激に変化した際に大きな影響を受ける可能性が高い。一つの産業に特化した企業城下町が、社会環境変化によって栄枯盛衰する現象がその一例である。単一の資源だけに頼ることなく、複数の資源がバランスよく活用されていれば、特定の資源の枯渇や高騰などの影響を受けにくい。ここでの多様性には「適正な分担」という意味も含まれている（図 2-10）。

近代都市計画における効率性重視の画一性に対して、都市の多様性の重要性を最初に指摘したのはジェイン・ジェイコブズ（Jane Jacobs）である。彼女は、著書「アメリカ大都市の死と生（The Death and Life

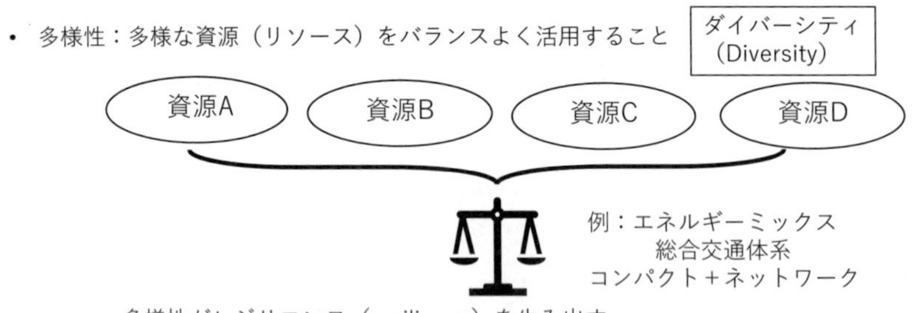

図 2-10 多様性：資源の賢い分担

of Great American Cities)(1961年)」[15]のなかで、それまでの米国の都市再開発政策を批判し、大都市における多様性の重要性を主張した。また、多様性を生じさせる条件として混用地域、小規模ブロック、古い建物、集中の4つの必要性を指摘した。その後、土地利用制度もゾーン制にみられる土地利用純化の考え方から、次第に土地利用混合の利点が注目された。また、交通分野でも物理的に人とクルマの動線を分離する歩車分離の考え方から、クルマの移動速度を低速化する工夫により歩車共存道路を出現させた。さらに歩行者と車のコミュニケーションを通して安全な交通空間を創出する「シェアード・スペース」が提案され、世界各地で導入されている。

それでは、どのようにして都市の中で多様性を維持するか。公共交通を例にとると、その一つは内部補助の仕組みの援用である。例えば、広域のサービス圏域を維持する鉄道会社が赤字続きの地方ローカル線を維持できるのは、大都市における収益の一部を地方にまわしているからである。また、鉄道沿線での開発利益の還元によって、鉄道事業の安定的な運営を可能としている。情報通信技術の進展はこれまで別事業であった様々な業種業態を組み合わせて、新しいサービスを提供することができる。ヘルシンキで生まれたMaaS(Mobility as a Service)は、多様な交通サービスを一つの移動サービスとしてまとめて提供することで、マイカーに過度に依存する社会からの脱却を狙っている。この新たな取り組みの中にも、単体では事業継続が難しいものを組み合わせることで持続性を生み出している。

2-2-7 幸福感(well-being)

幸福に関する議論は過去から様々あり、古典的には万学の祖と呼ばれたアリストテレス(BC384-322)までさかのぼるが、近代哲学では功利主義の中にみられる。功利主義の創設者としても有名なジェレミー・ベンサム（1748-1832）は、人間は誰でも幸福（快楽）を求め、幸福を多くもたらす行為が「善」であると考えた。そのうえで、「個人の幸福の総和が社会全体の幸福となり、社会全体の幸福を最大化すべきである」として「最大多数の最大幸福」を唱えて、政治や法律などの政策は幸福量を最大にするために実施すべきだとした。

都市計画における計画理念においても、幸福感（well-being）の向上は極めて重要な要素である。特に、都市計画の影響は長期に及ぶため、その目標は現存世代だけでなく、将来世代の人々の幸福感の向上に寄与することにもある。経済的に持続可能な社会を構築するだけでなく、そこで暮らす人々が身体的にも精神的にも健康な状態であり、人や社会とのつながりが維持できることが重要である。一時的な幸福感を最大化するのではなく、幸福感を長期的に持続する仕組みを構築することが都市計画の目的となる（図 2-11）。

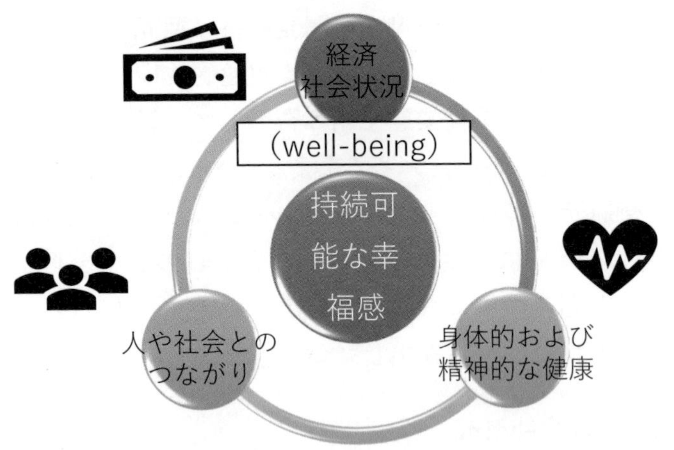

図 2-11 幸福感の向上：現代＋将来

2-2-8 持続可能性（sustainability）

この概念は先述したように国連の「ブルントラント報告」(環境と開発に関する世界委員会、1987 年）[7)]で提示された持続可能な開発（Sustainable Development）から端を発したものである。持続可能な開発とは、「将来の世代の欲求を満たしつつ、現在の世代の欲求も満足させるような開発」を意味する。当初は特に環境問題やエネルギー問題に焦点を当てていたが、近年では経済、社会、環境と多岐にわたる分野で用いられている。

持続可能性の定義は文献によって様々であるが、総じて「将来にわたって現在の社会機能を継続していくことができるシステム」を示している。これは規範的な概念であり、その社会で何が求められて、何を重要視するかに基づいている。そのため、ここでは先述した５つの要素の全てが将来にわたっても継続的に維持し、社会全体を望ましい状態で続くことと定義する。

図 2-12　５つの要素の持続可能性

2-3 新たな都市計画に向けての課題

2-3-1 新たな都市モデルの必要性

新たな都市計画に向けた６つの要素として、人々の幸福感（well-being）とその持続可能性（sustainability）を目標として、効率性（efficiency）と公益性（public benefits）のバランスを保ちながら、誰一人取り残さないために包摂性（inclusion）、多様性（diversity）を重要とすることを述べた。今後の新たな都市モデルを考える際にも、この6つの要素が不可欠であると思われる。

なお、この6つの要素自体は新しいものではなく、これまでの都市モデルの中にもその要素は存在している。例えば、1990年代以降、環境負荷低減のための持続可能な都市モデルとして提案された「コンパクトシティ」では、低密に利用されている市街地を一定の密度で集約させ、都市部の活性化と郊外緑地の維持を目指している。その特徴は要約すると次のように整理できる[16)]。

① 高い居住と就業などの密度（一定以上の密度）
② 複合的な土地利用の生活圏（用途混在）
③ 自動車だけに依存しない交通（非車依存）
④ 多様な居住者と多様な空間（多様性）
⑤ 独自な地域空間（歴史・文化）

公益性（public benefits）や効率性（efficiency）は①の機能集約と関連性があり、包摂性（inclusion）は交通弱者対応でもある③の非車依存と関係している。また、多様性（diversity）は②の用途混合や④の多様性の中にその意図がみられる。都市計画として⑤歴史や文化の継承は基本であり、その実現を通して、人々の幸福感（well-being）を高め、都市の持続可能性（sustainability）を確保する。

このように都市モデルの特徴を分解すると、どのモデルにも多寡はあるが6つの要素との関連性が見えてくる。異なるのは6つの要素のどの部分をより強調した都市モデルが提案されているかである。先述したようにどの要素が重視されるかは、その時代の都市課題と密接に関係している。

本章の冒頭に記載したように、現時点での課題の一つが、近年発達が目覚ましいサイバー空間を活用した都市計画の方向性を検討するのであれば、サイバー空間とフィジカル空間の融合にむけた新たな都市モデルが必要となる。

2-3-2 新たな都市モデルの実用化に向けて

これまで、コンパクトシティとスマートシティを融合する都市モデルについて、2015 年から土木学会エネルギー委員会の小委員会において議論されてきた。その成果の一部はいくつかの論文[17)18)]や報告[19)]が行われているが、総じてこの両者の都市モデルの融合を検討する際に必要な、3 つの課題を提示したい。まずは、両者を統合する新しい計画理論と、それを実現するための技術的手法、そして全体の管理を行うマネジメント組織の存在である(図 2-13)。

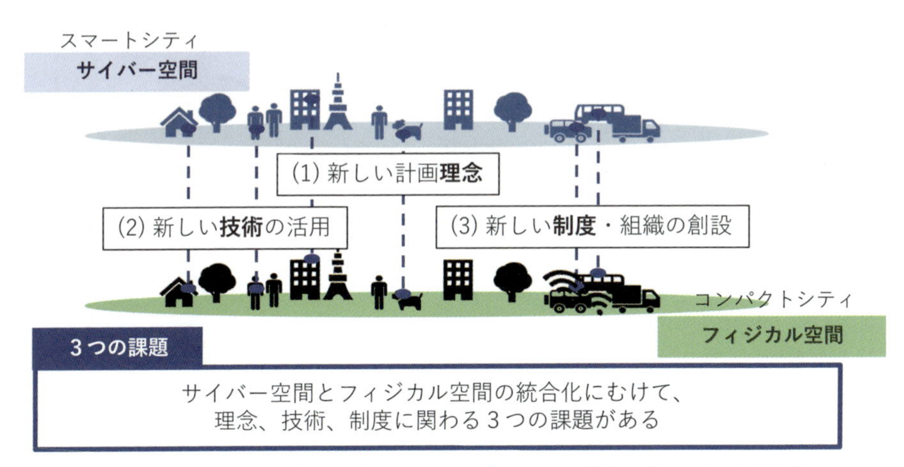

図 2-13 サイバー空間とフィジカル空間の統合化の課題

2-3-3 行動変容のメカニズム

サイバー空間とフィジカル空間を融合した新たな都市の実現には、短期的かつ個人レベルでの行動変容と、中長期的かつ全体レベルでの政策決定が重要である[20)]（図 2-14）。前者は個人の価値観にも依存するが、より良い状態に自発的に行動変容を起こすメカニズムを構築することである。行動経済学からみると、市場規範と社会規範の双方の視点が考えられる。市場規範とは「金銭的に取引される市場的な規範」を指し、例えば、正確でリアルタイムの情報によって車利用から公共交通へ交通手段を変化させたり、より混雑度の低い目的地を選択したりすることができる。個人が賢く時間や空間をシェアリングできるように、情報基盤プラットフォームが様々な情報を AI 等で整理、統合して的確に利用者に伝達することが肝要となる。一方で、社会規範と

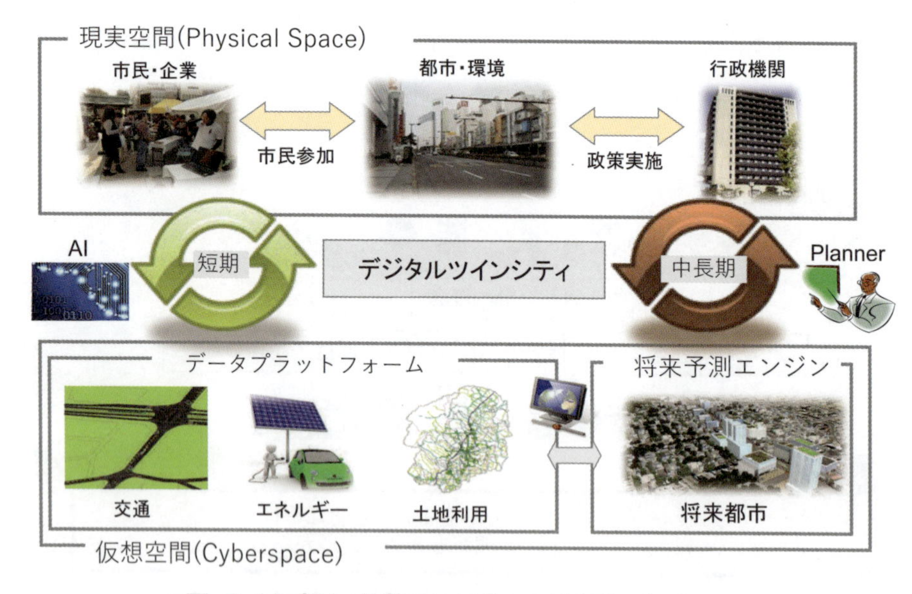

図 2-14 新たな都市モデルの実現に向けて

は「人間関係によって成り立つ社会的な規範」のことで、内面的な動機から環境に優しい行動を自主的に選択することを示す。個人の興味や態度、内在する価値観などから発生する内発的動機を望ましい方向へ誘導する施策で、宗教や思想、あるいは環境教育などにも関連する。

また、後者は行政や計画者の視点で、より多くの情報を蓄積し、それらを解析することで正確で根拠ある政策判断が可能となる。サイバー空間におけるデジタルツインシティの構築も政策シミュレーションをするうえで有用である。近年、証拠に基づく政策立案 EBPM（エビデンス・ベースト・ポリシー・メイキング）が推奨されている。都市 OS の構築はこのような合理的根拠（エビデンス）を継続的に示すうえでも不可欠な技術である。

2-3-4 理想的な都市とは

都市計画の目標は、出来るだけ多くの人々の幸福感を上げて、それが未来永劫続くように計画することにある。しかし、幸福感には絶対的な基準はなく、相対的な基準でもある。多くの人々は周囲の他者の幸福と自分を比較して幸福感を知覚するため、社会全体の幸福感の総和やバランスにも留意する必要がある。人々の主観的な幸福感には上限はなく、社会全体の幸福感を上げ続けた結果、未来の社会では「毎週末、月に旅行できること」が幸福を感じることの基準値となるかもしれない。さらに社会全体の幸福感の増加を追い求めるには、より多大な資源を消費しつづける社会へと偏重する可能性もある。

人々が望む社会の構築が都市計画の最終目標なのか。社会学者の藤田弘夫（1947-2009）は「都市の論理」[21]の中で、「政治や経済、宗教などの権力は人びとの快適な生活を保障することによってしか正当化されない」と前置きして、「人間は自己実現のために、その要求を充足する最大の保証を、生活への最低の支配で生み出す権力を求め続けている」と論述している。また、それは「永遠の課題であり、都市の建設もそうした人間の営みの一環である」と言及している。

今後、都市計画では飽くなき人々の欲求にどこまで対応すべきなのか。どのような政策にも限界があり、政策の先にある社会は本当に望ましいものか不明である。スマートシティ政策を進めるほど、その先に AI がすべてを仕切る社会の到来が早くなるかもしれない。コンパクトシティ政策が成功すると、その都市は魅力が高まり、多くの人が集まり、結果として都市が拡大するかもしれない。結局、都市の問題がすべて解決するのでなく、問題が変わるだけなのかもしれない。都市計画は人を対象とした学問であり、人が楽をすればするほど、人が本来備えていた能力は使わなくなり、身体的にも精神的にも人間の機能は弱体化するかもしれない。やはり都市計画の目標とは、物事の最大化や最小化を追い求めるのでなく、どこかちょうど良い状況（中庸）を目指すのかもしれない。

ローマクラブの共同会長であるエルンスト・フォン・ワイツゼッカーは、2016 年の講演で「西洋よりアジアの思考の方がより釣り合いがとれている」と発言し、その例として陰陽思想を示した。自然資源の世代間バランスを維持するためには、公と私、宗教と国家など様々な釣り合いを図ることが重要であるとし、新たな啓蒙思想を提唱している[22)]。このような物事の釣り合いを考える上で、中庸という思想が参考になる。

中庸とは「考え方・行動などが一つの立場に偏らず中正であること」を示す。中庸は古来より、洋の東西を問わず、重要な人間の徳目の一とされている。個人で中庸を実践することは仏教の教えである「足るを知る」ことにも通じる。物質的な豊かさには限界があり、どこかで人々は精神的な満足を得て、世の中を賢く生きる必要がある。一方、哲学の分野では古くから中庸という考え方の重要性が説かれている。アリストテレス（BC384-322）は人間の幸福とは、「人間ならではの徳（アレテー）を一生涯、現実化しようと努めること」と考え、その時の徳の基準に「中庸」という概念を提示した。ここでの中庸とは過不足がない状態を示し、人々に無謀でも臆病でもなく傲慢でも卑屈でもない適正な生活を推奨した。

都市計画における「中庸」とはどのようなものか。未来を計画する際には、過去の社会や暮らし方を振り返り、より広い視野のもとで望ましい社会について考える必要がある。昔の人々の価値基準や日々の営みの中にも、未来の社会に通用する望ましい都市計画の解が存在する可能性がある。

参考文献

1） 国土交通省都市局 HP：（最終閲覧日：2024.04.11）
https://www.mlit.go.jp/toshi/city_plan/toshi_city_plan_fr_000051.html

2） Ebenezer Howard ：Garden City of To-morrow, 1898

3） Le Corbusier：The City of To-morrow and Its Planning, Dover Publications, Inc. New York, 1987 (Original published by Payson & Clarke Ltd, New York, n.d. 1929)

4） C.A. Perry: The Neighborhood Unit, vol.7, Neighborhood and Community Planning, Regional Survey of New York and its Environs, New York, 1929

5） Traffic in Towns: A Study of the Long Term Problems of Traffic in Urban Areas - Reports of the Steering Group and Working Group appointed by the Minister of Transport. London: HMSO. 1963.

6） Donella H. Meadows, Dennis L. Meadows, Jørgen Randers, William W.

Behrens Ⅲ: The Limit to Growth, A Report for the Club of Rome's Project on the Predicament of Mankind, Universe Books, New York, 1972.

7) World Commission on Environment and Development：Our Common Future, London, Oxford University Press, 1987.

8) 国土交通省 HP：新型コロナ危機を契機としたまちづくり，2020 年 8 月 https://www.mlit.go.jp/toshi/machi/covid-19.html（最終閲覧日：2024.04.11）

9) 国土交通省 HP：コンパクトなまちづくりについて https://www.mlit.go.jp/toshi/toshi_tk1_000016.html（最終閲覧日：2024.04.11）

10) 国土交通省：スマートシティの実現に向けて【中間とりまとめ】，2018.8 http://www.mlit.go.jp/common/001249774.pdf

11) スマートウエルネスシティ HP：http://www.swc.jp/about/about2/（最終閲覧日：2022.06.06）

12) シェアリングエコノミー協会 HP：https://sharing-economy.jp/ja/city/（最終閲覧日：2022.06.06）

13) G7 都市大臣会合コミュニケ ―持続可能な都市の発展に向けた協働― 2023.7 https://www.mlit.go.jp/report/press/content/Communique_JA.pdf

14) 中井検裕: 人生 100 年時代のまちづくりのルール、人生 100 年時代の都市デザイン、学芸出版社、p.162、2024

15) J.ジェイコブス著、黒川紀章訳：アメリカ大都市の死と生、鹿島出版会、1977

16) 海道清信：コンパクトシティ；持続可能な社会の都市像を求めて，学芸出版社，2001

17) 古明地哲夫、長田哲平、大門創、森本章倫: 持続可能な未来都市としてのスマートシェアシティの提案、土木計画学研究講演集 Vol.56, CD:全 5p, 2017

18) Wheeyoun CHEONG, Tomoya TAGAWA, Naohiro KITANO, Akinori MORIMOTO: DEVELOPMENT OF EVALUATION INDICATORS FOR SMART SHARING CITY, グローバルビジネスジャーナル, 8 巻 1 号 pp.12-23, 2022

19) 森本章倫: スマートシェアリングシティの構築に向けて，環境・社会・経済中国都市ランキング 2018—大都市圏発展戦略, 2018
20) 森本章倫:交通と都市の新技術が拓くプランと技術体系の展望、都市計画の構造転換、鹿島出版会、p.308,2021
21) 藤田弘夫：都市の論理，中公新書，1993
22) 林良嗣、中村秀規編：持続可能な未来のための知恵とわざ—ローマクラブメンバーとノーベル賞受賞者の対話、明石書店、2017

第3章　これまでのシェアリング

第２章では現代でのシェアリングに関する概念などの整理を試みたが、わが国では現代から見ても遜色のないシェアリング社会が江戸時代には構築されていた。本章では今後のシェアリングの議論の視座を求めるため、江戸時代から現代までのシェアリング社会を取り上げ、整理、考察を試みる。

3-1 江戸時代のシェアリング

江戸時代には様々のものが共有されていた。例えば、江戸の庶民の多くが居住していた長屋には、**図 3-1** のように生活用水としての井戸や便所が共有されていた。重要な交通手段・農具としての馬、生活に必要な道具など様々なものが共有されており、シェアリングが珍しくない状態であった。また、都市の基盤となる道路や土地においても、様々なシェアリングが見られた。

図 3-1 長屋での生活の様子 [1)]

江戸時代の道路は、**図 3-2** のように「五街道」「脇街道」などで構成されており、江戸の中心部では放射状道路（町）や環状道路（筋）も整備されていた。道路の幅員は「五街道」や町・筋などの大きな道路では6間（約 10.8m）ほどで、横道などでは2間（約 3.6m）ほどであった。道路の所有は基本的に幕府であったが、道路の保全・整備は町（自治組織）で実施されており、沿道・近隣の住民により共同で維持管理がなされていた。

江戸時代の土地は、主に武士が住む「武家地」と町人が住む「町人地」および寺社が立地する「寺社地」に区分されおり、身分に応じた土地に居住していた。「町人地」は土地の売買を記録した証文である沽券の交付による売買が可能であったが、土地を所有している人は商人や武士・豪農などに限られており、ほとんどの町人は長屋などを借りて生活していた(注1)ため、土地や建物に関する町人の所有意識は低かったと考えられる。

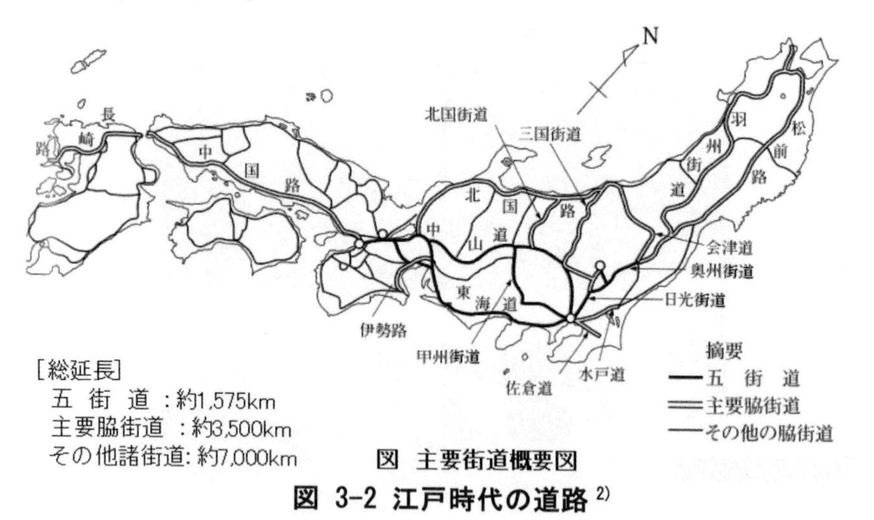

図 3-2 江戸時代の道路 2)

図 3-3、**図 3-4** にあるように、江戸時代の交通手段は主に徒歩であり、荷物を運ぶための大八車や牛馬なども利用されていた。騎馬や駕籠は身分によって利用が制限されており、町人は専ら徒歩による移動であった。また、長距離の移動は軍事面の観点から厳しく制約されており、関所や渡河部において通行が制限されていた。

図 3-3 江戸の交通の様子（商店街）[3)]

図 3-4 江戸の交通の様子（日本橋）[4]

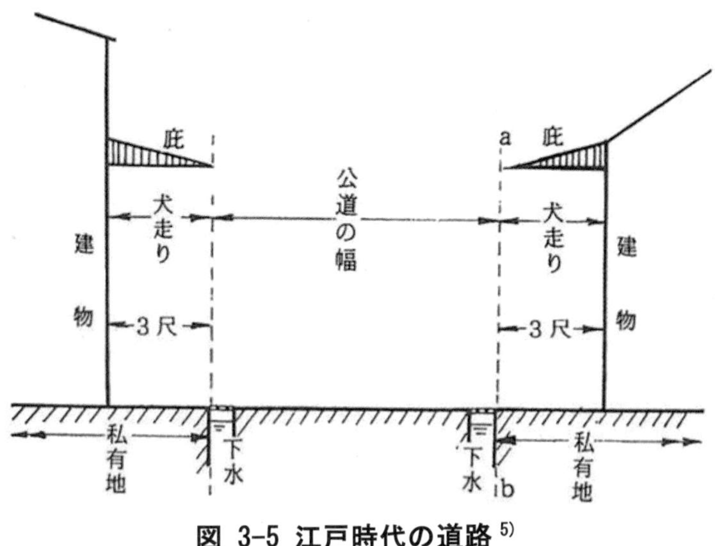

図 3-5 江戸時代の道路 [5)]

100万人の人口に対して貧弱な道路空間であったことから、刀同士がぶつかる「鞘当て」を防ぐために左側通行が基本とされていたなど、通行に関するルール・マナーが存在した。同様に維持管理面においても、水たまりやぬかるみなどは砂で敷き固める、棚（商店街）の道路沿いには3尺（約90 c m）の犬走りを設ける（**図 3-5**）など、限られた道路を快適に利用できるよう様々なルールが定められており、限られた空間を上手に利用していた。

江戸時代には物資に限りがあったことに加え、社会的な制約もあり、資源や施設を効率的に利用するために共有することが必要であった。結果として、資源の有効活用や浪費が抑えられるとともに、制約が多い中でも必要な時に必要なものを利用できるといったメリットも併せて享受することが出来た。また、江戸時代の社会では、地域や家族単位での結束と協力が重要視されており、地域共同体や職業団体などの様々なグループにおいて、それぞれのシェアリングのルールや慣習が存在した。傘などの製品製造過程を例にすると、分業することで多くの町民が利益を得られると同時に、独占を防ぐ効果もあるなど、シェアリングの仕組みやルールを定めることが、利益の分配やトラブルの解決を行うために重要であり、町民にも受け入れられていた。このように江戸時代はシェアリングの文化が人々の生活に根付いていた。

このように、①効率的に利用しなければならない物理的な制約、②社会としてのシェアリングのメリットの認識、③シェアリングを進めるためのルールの存在、④シェアリングを受け入れる許容力、が江戸時代のシェアリングを進展させた要因となっていたものと考えられる。

3-2 近代のシェアリング

明治時代に入ると、新政府の下で多くの法律等が制定され、社会環境や生活環境が大きく変化し、社会生活を行う上での意識が変化したと考えられる。

例えば、江戸期までの制度であった「村」による土地等の総有(注2)が地租改正（1873年（明治6年））により、国有等の公有と私有に解体され、村内外の誰もが土地を所有することが容易となり、人々の土地に対する意識を（個人が自由に所有・利用・処分可能な、一般の財と同様の「モノ」へ）変化させる[6]きっかけになったと考えられる。

また、江戸時代まで制限されていた地域間移動の制約の撤廃（関所の廃止）や、殖産興業政策による大規模工場（造船や紡績工場等）の整備、これに鉄道などの広域移動手段の整備(移動手段の変遷(**図 3-6**)による移動時間の大幅な短縮が、全国から工業集積地へ工女・工夫を集めることを可能にするなど、人口移動の広範囲化、活発化を促進させ、産業構造の変化による人口移動が顕在化した。

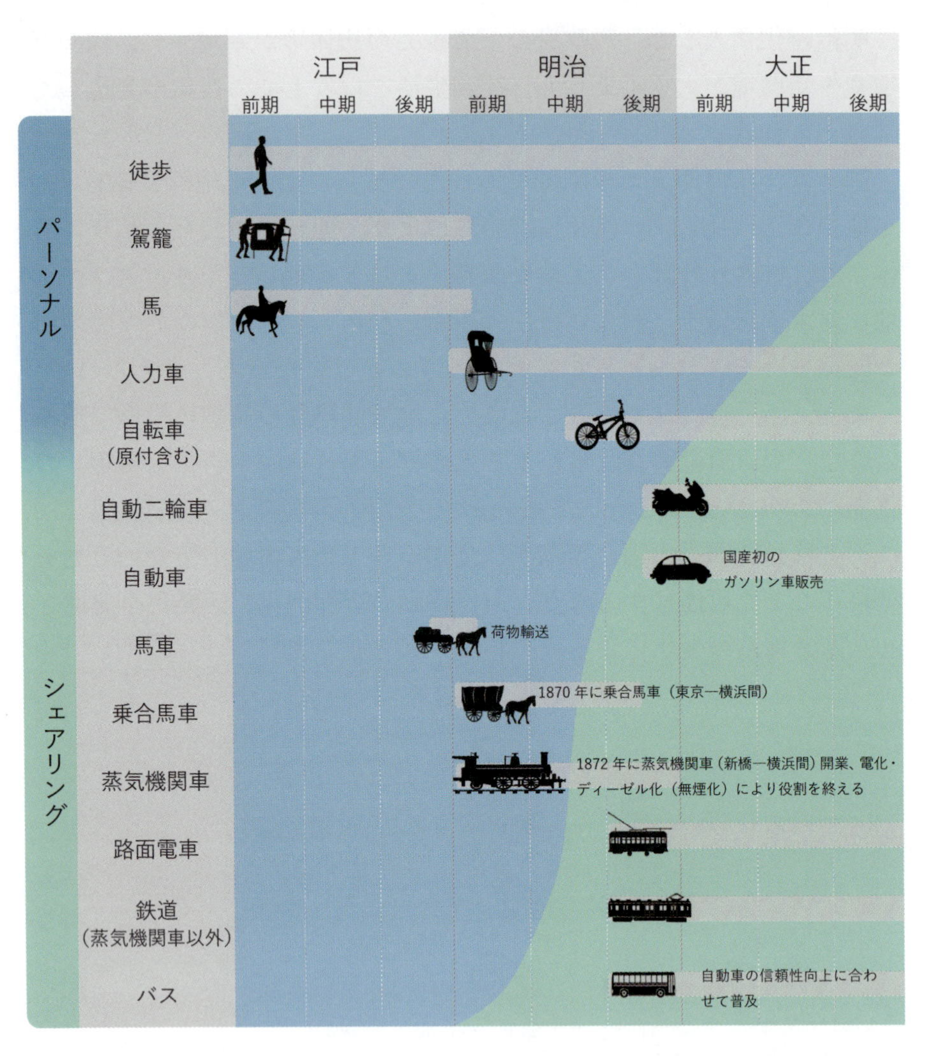

図 3-6　江戸期から現在までの

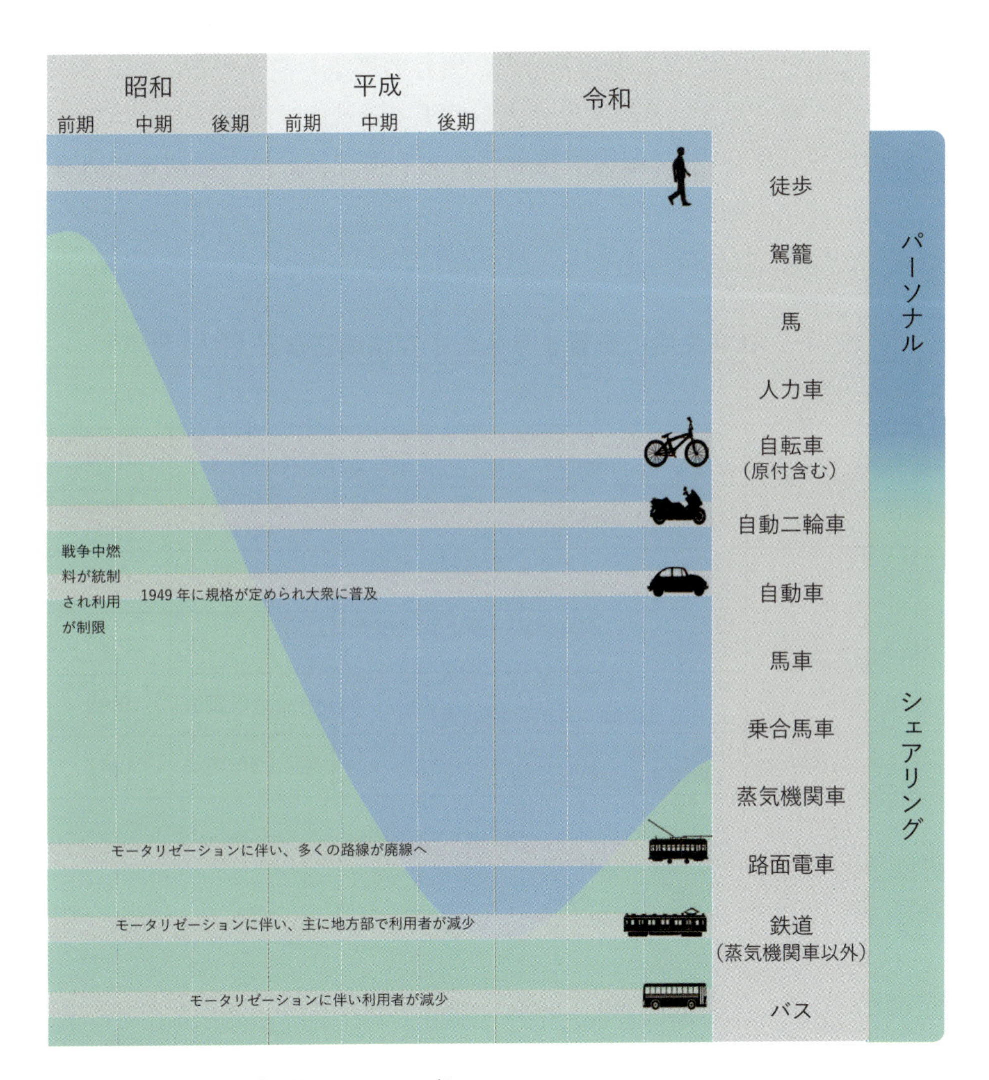

陸上交通手段の変遷（イメージ）

一方で、江戸時代から続く家制度は明治政府にも引き継がれ（明治民法に規定（1947 年に制度廃止））、既存の農家や商家では、長子が家業を引き継ぐなど、第二次世界大戦期まで継続的に地域コミュニティが形成されていた。（農家戸数は明治から第二次世界大戦期まで大きく変化はしていない。）

表 3-1 社会生活に影響を与えた主な法改正など [7)8)] を参考に作成

分類	概要	関連法令	制定年
土地所有	あらゆる私人が土地を所有できるようになる（地券制度）	地租改正	1874
	「所有権」の確立	登記法 民法財産編	1886 1890
家族制度	家ごとに家長（戸主）を登録（租税、徴兵などの基礎となる）	戸籍法	1871
	婚姻により、妻が夫の「家」に入り氏を改める	明治31年民法	1898
	戸主に「戸主権」を与え、様々な権限を明記（相続、家族の婚姻等）	明治31年民法	1898
	「家」制度の廃止 （新憲法に合わせて改正）	昭和22年民法	1947

ただし、明治期に入り、農業生産力の増大や工業化による経済発展（国民所得の増加）などを背景に、人口が大きく増加している。家業を継がない長子以外の子供が、仕事の機会を求めて生まれ故郷から工業地域や都市部等に移動しており、都市圏集中率が高まっている（**図 3-7**）。

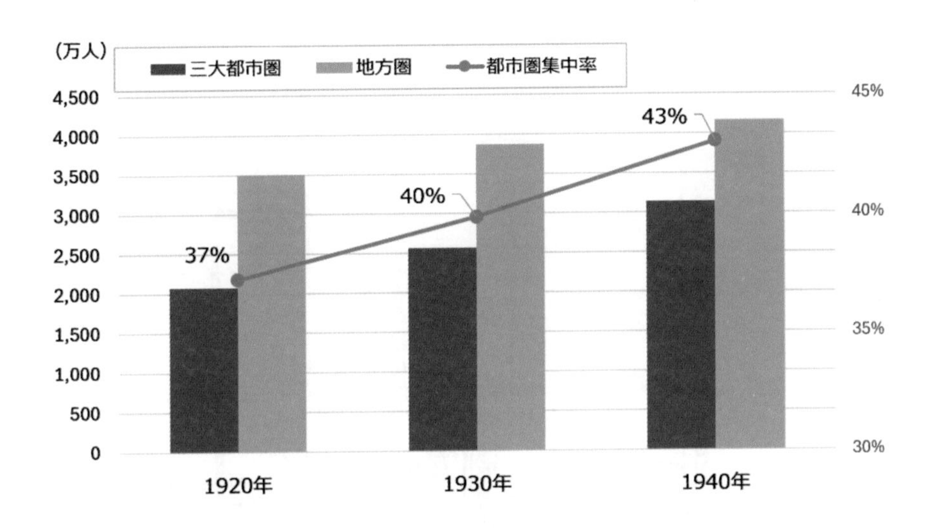

図 3-7 都市と地方部の人口の変化 9)を参考に作成

戦後の混乱期を経て高度経済成長期に入ると、地方部から都市部への労働人口の流入が一層進み、都市部における住宅供給の拡大が大きな課題となった。

これに対し、「一世帯一住宅」を目標(注3)に「量の住宅政策」としてnDK型(nLDK型)住宅と呼ばれる家族中心の間取りである公共住宅が大量に供給され、核家族化を促進させた。

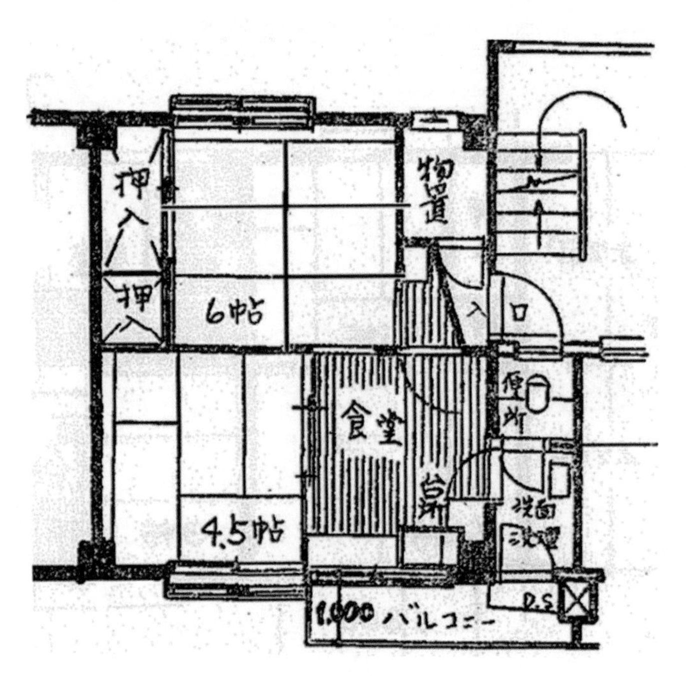

図 3-8　nDK型住宅の間取り例（51C型）[10)]

また、高度経済成長により一億総中流と呼ばれるほどに所得水準が向上した多くの労働者は、金銭と時間的な余裕を得たことで、「余暇＝レジャー」を楽しみだした。

これに国産自動車の大衆化が重なり、自由に移動できる自動車への欲求が芽生え、ステイタスシンボルにもなる「マイカーブーム」が到来し、モータリゼーションが進展した。[11)]

この結果、プライバシーが確保される自家用車の台数が大きく増加する一方で、大量輸送機関である路線バスや鉄道（主に地方部）の利用者は大きく減少した。また、戦後復興のシンボルでもある新幹線の開業により、鉄道の移動時間も大幅に減少（東京・大阪間は戦後の約8時間から新幹線開業時に約3時間に大幅減、現在は約2.5時間）し、車内でのコミュニケーション機会も縮小した。

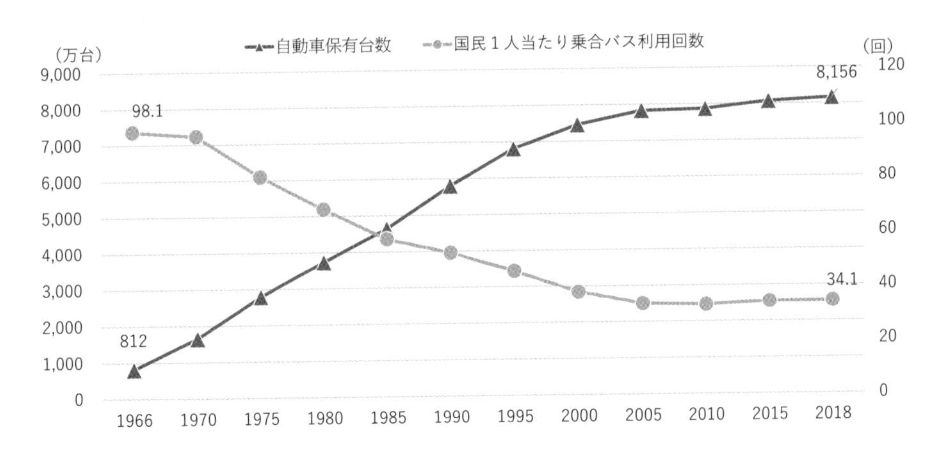

※：乗合バス利用回数の1966年値は1965年の値

図 3-9　自動車保有台数と路線バス利用者数の変遷 [12) 13)]を参考に作成

このような戦後の高度経済成長による社会環境の変化及び、生活水準の高度化は、**表 3-2** に示すような生活スタイルの変化につながり、コミュニケーションが急速に希薄化したと考えられる。

コミュニケーションの急速な希薄化は、結果として地域コミュニティ等の中で自然と生じていたシェアリング（生活必需品の共有、子供や高齢者の見守りといった時間や役割の共有等）を成立させにくくさせたものと考えられる。

表 3-2 社会環境の変化と生活スタイルの変化

社会環境の変化 生活水準の高度化	生活スタイルの変化・コミュニケーションの変化
1　産業構造の変化	一次産業主体から二次・三次産業主体への転換による、地方部から都市部等への集団就職と、その結果、地方から都市への人口集積と地縁の崩壊
2　住宅環境の変化 （マイホーム主義の浸透）	都市部へ集まる人口増の受け皿となるnDK型住宅の供給による核家族化の進展とプライバシー志向の浸透
3　モータリゼーションの進展 （マイカーの普及）	鉄道やバス等の多人数乗車の交通手段から個人又は家族利用の交通手段への転換
4　鉄道の高速化	移動時間の短縮によるコミュニケーション機会の縮小や、日帰り出張等の増加

更に、地方部ではマイカーの普及に伴う移動可能距離の増加に合わせ、居住地が分散（スプロール化）し、徒歩だけでの生活維持が困難な状況を作り出している。

また、核家族化やマイカーの普及は社会的な負担の増加（自家用車の急増による道路空間の自動車の占有、交通渋滞の発生による損失時間の増大、排ガス等による自然環境負荷の増大、世帯数の増加によるエネルギー需要の増加）も顕在化させた。

これに対応するためのインフラ整備が長い期間をかけて進められてきたが、依然として交通渋滞やエネルギー不足の解消には至っていない。

表 3-3 高速道路及び国道の渋滞による損失時間(2018 年)[14]を参考に作成

道路種別	損失時間
高速道路	2.3 億人・時間
都市内高速道路	0.7 億人・時間
一般国道（指定区間）	14.1 億人・時間
合計	17.1億人・時間

3-3 現代のシェアリング

近年、自然環境負荷の増大は国内にとどまらず、世界的な問題となりつつある。特にエネルギー産出に伴う CO_2 排出量の増加が著しく、地球温暖化として世界中に大きな影響を与えている。

また、わが国では東日本大震災による津波災害（原発の被災）もあり、エネルギー供給に対する真剣な議論が行われている。

一方で、技術革新は目覚ましい発展が進み、特に情報通信技術では、90 年代前半にサービスが開始された商用インターネットは、パソコンや携帯電話の普及を通じて市民への利用が広がり、更に、2008 年に発売開始されたスマートフォンの急速な普及や SNS 等の浸透により利用の高度化が進んだ。

上記に加え、通信速度の大幅な向上、自動車や家電などの様々な生活ツールのインターネット接続（IoT 化）が進むなど、生活のデジタ

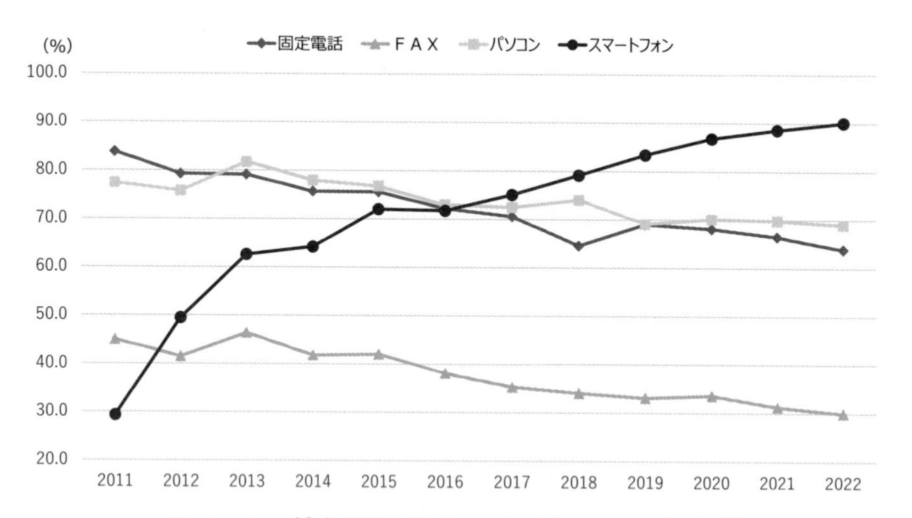

図 3-10　情報通信機器の世帯保有率の推移 [15)]

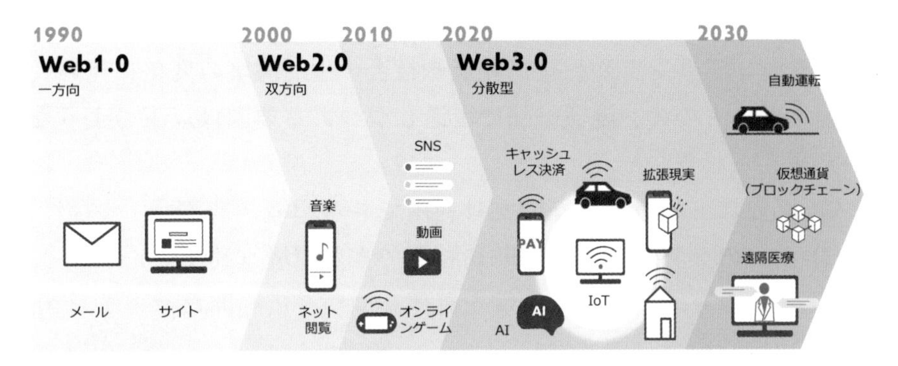

図 3-11 デジタルの高度利用に関する変化イメージ

ル化が一層進んだ。近年では手元のスマートフォンからインターネットを経由することで、必要な人が必要な時に必要なモノやサービスを仲介等の「人」を介さずに「利用」できるシェアリングサービスが広がっており、そのサービスの多様化も進んでいる。

交通面では主に都市部において、短トリップ移動に対するシェアリングモビリティ（コミュニティサイクルやキックボード等）や、カーシェアの普及など、情報通信技術の発達により、現在の生活様式に適応できる形でのシェアリングが現れてきている。

地方部では、都市部に比べ交通面でのシェアリングが普及していないが、これは自動車以外の交通サービス水準が低く、自動車利用が高頻度にならざるを得ない移動環境に一因があるものと考えられる。

また、エネルギー面でも太陽光パネルの発電効率の向上や蓄電池の高性能化、価格低下等の技術革新が進み（発電・蓄電費用＜市場からの電力調達費）、住宅地等の地域で発電（太陽光等の自然エネルギー）し、地域で消費（シェアリング）する地産地消の取り組みなどが導入されつつある。

ここまで記したように、江戸時代において浸透していた日常生活におけるシェアリングが、経済発展や社会・生活環境の変化に伴い大きく縮小したものの、再び一部で復活しつつある要因は以下のようなものと考えられる。

① 必要なものを必要な時だけ利用できる環境（効率性・多様性）
② 手元のデバイス等で即時に利用できる環境（利便性）
③ バーチャル空間で匿名性を確保しつつ、広範囲なマッチングが可能な環境（匿名性）
④ シェアリングを利用することによるメリット※の浸透（受容性）

※：既存の公共交通とシェアリングを組み合わせること等の経済合理性（経済性、速達性）や自分が使わないものを必要な人に利用してもらえるなどの日本人が持つもったいない精神との親和性等

3-4 これまでのシェアリングからみた課題

本章では、シェアリングの歴史として江戸時代から現代までの地域社会や交通手段の変遷などの生活環境の変化との関係から整理した。

江戸時代は、社会制度や生活を取り巻く環境、技術的な制約から、生きていくうえで地域全体での共有が求められたことによりシェアリングが浸透していた。

近代に入り、社会制度の変化や技術の発展からシェアリングが衰退したが、近年シェアリングが一部で復活してきている。この要因の一つとして技術の発展に伴い、スマートにシェアリングができる情報通信基盤が創出されたこと、シェアリングにより利用者個人が便益を得られるようになったことなどが挙げられる。

サスティナブルで暮らしやすいまちづくりの実現に有効なシェアリングの本格浸透に際しては、特に高度経済成長期において見られたような過度な個人の所有を改め、シェアリングの普及による社会的な便益につながるインセンティブの組み込みなどが課題と考えられる。

表 3-4　社会環境の変遷と

時代区分		近世（江戸）	近代（明治～戦前）
土地の所有者		大名など旗本[*1]	私有財産制が基本
住居		一般庶民の多くは長屋 多世代同居が基本	一般庶民の多くは長屋 長子以外の転居が進む
開発状況		－	富国強兵、殖産興業、文明開化
交通（人流）の変遷[*2]	近隣	徒歩	徒歩、自転車
	近郊	徒歩	路面電車、バス等
	郊外	徒歩（移動制約あり）	鉄道、バス等
	遠隔地	徒歩（移動制約あり）	鉄道等
	外国	－（鎖国）	船舶（限られた 人のみ）
所要時間の変遷[*3]		14日間	20時間5分⇒8時間20分
主なエネルギー源		－	水力・石炭が主要エネルギー、ガス・石油も一部利用
通信の媒体		手紙 （飛脚（ひきゃく）等の人力）	手紙、電話（電話所）等
シェアリングの状況		日常生活において様々なシェアリングが自然に行われていた。	江戸期から続く地域コミュニティでは同様のシェアリングが引き継がれたと考えられるが、そこに含まれない人々の間では薄れていったものと考えられる。

＊1:旗本は将軍に直属する武士のうち石高が１万石未満の人たちでかつ将軍に拝謁することが可能な身分の人を指す（町奉行や勘定奉行などの役職）。

＊2:近代以降、マイカー、レンタカーは外国を除き含まれる。

＊3:関東（東京）～関西（大阪）

シェアリングの状況変化

近代（戦後～2000年頃）	現代（2000年以降）	備考
私有財産制が基本 個人の所有が一層進む		
都市部〔戦後～高度経済成長期〕で核家族化向けの住宅が増加 主に地方部で戸建て住宅が増加	都市部のタワーマンションが増加 単身世帯が増加	
高度経済成長 インフラ整備の推進	インフラの維持管理・長寿命化 人口減少を見据えたまちづくり（コンパクトシティ等）	
徒歩、自転車、自動二輪車等	徒歩、自転車（電動含む）、電動キックボード、PM等	
バス等（路面電車の衰退）	バス等（一部の路面電車がLRT化して再注目 ）	最近は無人化技術が進展。
自動車、バス、鉄道等		
高速鉄道、飛行機、自動車、高速バス		
飛行機、船舶（戦後自由化、高度経済成長期に需要増）		
3時間10分	2時間30分	
石炭から石油へシフト 原子力の導入	大きな変化はないが、近年自然エネルギー等の導入が進む	資源エネルギー庁資料を参考に記述。
電話（固定）、FAX、手紙等	SNS、電子メール、電話（携帯）、ビデオ会議等	
核家族化、マイカーの進展など他人と交流する機会の減少に伴い、シェアリングは行われにくい環境となった。	情報通信技術の高度化と情報端末の普及から一部のシェアリングが導入・浸透しつつある。	

表 3-5　共有、含有、総有の違い（参考）[16)]

	各人との結合関係	管理権と収益権との関係	持分権の譲渡と分割の請求		具体例
			個々の目的物	財産全体	
共有	ある目的を共有する限りで、偶然的な関係でしかなく団体を形成しない	管理権・収益権も各人に帰属	各人の自由	×	共同相続財産
含有	共同目的達成のため、団体的結合を作る	収益権は各人に帰属するが、管理権は団体に帰属	制限が強い	持分権の処分は制限、分割請求もなし	組合財産
総有	各人は団体に包摂されるが、各人も全体的に独立性を失わない	収益権は各人に帰属するが、管理権は団体に帰属	そもそも持分が無く認められない		入会権 権利能力なき社団

補注

（注１）文政 11 年（1828 年）の借家率は約 70%（江東区深川江戸資料館「資料館ノート 第 114 号」H28.3.16）

（注２）総有とは、共同所有の一形態で、最も団体的色彩の強いもの。財産の管理・処分などの権能は共同体に属し、その使用・収益の権能のみ各共同体員に属する。入会（いりあい）権など。

（注３）第 1 期住宅建設 5 か年計画（昭和 41～45 年度）の目標

参考文献

1)　《絵本時世粧（えほんいまようすがた）》歌川豊国『日本古典籍データセット』（国文学研究資料館等所蔵）CC BY-SA 4.0

2)　道の歴史（国土交通省）（https://www.mlit.go.jp/road/michi-re/3-1.htm）

3)　《熈代勝覧》（部分）ベルリン州立美術館、アジア美術館 / Jürgen Liepe CC BY-SA 4.0

4)　《東海道五拾三次之内　日本橋 朝之景》歌川広重　東京富士美術館蔵　「東京富士美術館収蔵品データベース」収録 CC0
（https://www.fujibi.or.jp/collection/artwork/01172/）

5) 鈴木理正「江戸のみちはアーケード」(青蛙房)
6) 平成 29 年度 土地に関する動向 平成 30 年度 土地に関する基本的施策 第 196 回国会（常会）提出
7) 日本における土地所有権制度の成立プロセスの特色—所有者不明土地問題の淵源（東京財団政策研究所）
https://www.tkfd.or.jp/research/detail.php?id=3069
8) 家族制度の変革と現代家族（松嶋道夫）
https://core.ac.uk/download/pdf/228080978.pdf
9) 国勢調査（1920 年、1930 年、1940 年）(総務省)
10) UR 都市機構
11) JAMAGAZINE　2016. December #50（一般社団法人 日本自動車工業会)
12) 車種別(詳細)保有台数（(一財)自動車検査登録情報協会)
13) 数字で見る自動車 2022（国土交通省)
14) 平成 31 年・令和元年　年間の渋滞ランキング（国土交通省)
15) 令和 5 年度情報通信白書（総務省)
16) 株式会社中央プロパティー（https://www.c21-motibun.jp/reading/2207/)
17) 兼平賢治「馬と人の江戸時代」(吉川弘文館)
18) 野中和夫編「江戸の水道」(同成社)

第4章　スマートシェアリングシティ

4-1 従来のシェアリングと新たなスマートシェアリングシティ

4-1-1「共同利用」における価値観の変化

３章で述べたように、江戸時代に日常的にみられたシェアリングが近代になり徐々に減少したのは、様々な要因が挙げられるがその一つに価値観の変化がある。すなわち、人々が効率性を重視すれば、製品の使用頻度が高い場合には所有し、使用頻度が低いものは借りる（共同利用する）という行動が合理的である。例えば、自動車を毎日利用する人はマイカーを保有し、利用頻度が低く必要な時だけ利用できれば良い人は、レンタカーやカーシェアという形で利用するようになった。

このように、「使いたいときだけ使えれば良い」という考え方がさらに進むことで、「共同で利用したほうが経済的であり効率的である」という価値観の変化は、都市計画にも大きな影響を与える。

4-1-2 ICTで可能となった「シェアリング・エコノミー」

そして近年、インターネットやスマートフォン、GPS等のICTが普及することにより、「シェアリング・エコノミー」という言葉を頻繁に目にするようになった。

シェアリング・エコノミーとは、「複数の人や団体が、ICTを活用し短時間のうちに相手を探索（マッチング）し、財（有形財あるいは無形財）を、異なる時間あるいは同じ時間に共同利用すること」である。シェアリング・エコノミーの特徴は、「①共同利用」と「②短時間のマッチング」である。

「①共同利用」とは、複数の人や団体が利用することであり、様々なタイプがある。例えば共同利用する対象は、有形財（製品）を対象とすることもあれば無形財（サービス）を対象とすることもある。共同利用する主体は、利用者間で共同利用する場合、所有者と利用者間で共同利用する場合、所有者間で利用する場合がある。共同利用する時間は、異なる時間に共同利用する場合と同じ時間に共同利用する場合がある。

「②短時間のマッチング」とは、シェアリングする相手を探索するために、利用者と所有者を短時間のうちにマッチングすることである。マッチングの方法は、ICT を活用したマッチングをする場合としない場合がある。とりわけ近年シェアリングと言われているものは、インターネットやスマートフォン、GPS 等の ICT を活用して、短時間に共同利用の相手を探し出す方法が増えている。

しかしシェアリング・エコノミーは、経済的価値を追求した結果、外部不経済が発生し、社会全体の便益を低下させることがしばしば確認されている。例えば、アメリカでは、ライドシェアの普及に伴い、鉄道から自動車へのモーダルシフトが進み、道路混雑が悪化している。中国では、シェアサイクルの乗降を自由にした結果、山のように積まれた自転車により、歩行者の安全性や景観が悪化している。

4-1-3 市場規範と社会規範のバランス

人々にシェアリングといった行動変容を促すためには、2 章で概説した市場規範と社会規範の両者の視点が重要となる。ここでは過去の思想や哲学の分野との関係を紹介しつつ、あるべき方向性を模索する。

まず、市場規範的行動とは、互恵性（reciprocity）を行動原理とし、個人が供給する労力とそれに対する見返り（reward）との間に関係がみられる（相関）判断や行動のことである。また、社会規範的行動とは、利他主義（altruism）を行動原理とし、個人が供給する労力とそれに対する見返り（reward）との間に関係がみられない（無相関）判断や行動のことである[1)]。

この市場規範と社会規範のバランスを取ることの重要性は、東洋思想、西洋思想のそれぞれにおいて、事あるごとに主張されてきた。例えば、中国の哲学者の孔子（紀元前551年〜紀元前479年）は、「子曰く、中庸の徳為るや、其れ至れるかな。民鮮きこと久し」と説いている。これは、中庸の徳義としての価値は、至高のものだ。（しかし、その徳義をもつ）人間が乏しくなってから、長い時間がたってしまった、ということである。ここで、中庸とは、「中」は過不足がないこと、「庸」は偏らないことを示している。孔子の孫の子思が著したとされる「中庸」が、宋代になると「四書」の一つとなったことからも、「中庸」は儒家思想の重要な概念である[2)]。このように、孔子は、過不足がなく、偏りのない、バランスの取れた良識が重要であることを説いている。一方で、中国の哲学者の老子（紀元前571年〜紀元前470年）は、「足るを知る者は富み、強めて行う者は志有り」と説いている。これは、満足を知る者は富み、懸命に行うものは志がある、ということである[3)]。このように、老子は、人間の欲望にはきりがないが、欲深くならずに分相応のところで満足することが重要であることを説いている。

仏教では、「自利利他」という言葉がある。自利利他とは、自分が利益を得ることと、他人が利益を得ることの両面を兼ね備えることが理想であるとされる大乗仏教の教えである[4)]。このように、仏教では、自分の利益だけでなく、他人の利益も考えることが重要であると説いている。加えて、仏教には、「中道」という言葉がある。中道とは、相互に矛盾対立する二つの極端な立場のどれからも離れた自由な立場

（中）の実践のことである。これは、釈尊が、苦行主義にも快楽主義のいずれにも偏らない、八正道によって悟りに到達したとされることに由来する [4)]。このように、仏教では、欲望を調整し、適度に欲することが重要であることを説いている。

このような仏教の思想を経済学に取り入れた例もある。イギリスの経済学者のエルンスト・フリードリッヒ・シューマッハー(1911～1977)は、「仏教経済学」を1966年に発表している。仏教経済学は、解脱を妨げるものは、富そのものではなく、富への執着であるとし、簡素と非暴力を基調としている。そのため、最小限の消費で最大限の幸福を得ることを理想としており、比較的少ない消費で満足感を得ることで、争いが少なくなるとしている [5)]。このように、仏教経済学の特徴は、少欲知足、中道、利他であり、有限な資源と人間の欲望のバランスを取ることが重要であることを示している。

近年では、ケニアの環境保護活動家で、2004年にノーベル平和賞を受賞した Wangari Muta Maathai が、「MOTTAINAI」という日本語（物の価値を十分に生かしきれずに無駄になっている状態やそのような状態にしてしまう行為を惜しみ嘆く気持ちを表したもの）の単語の存在を知り、感銘を受けたこともあり、世界的にも知られている。

東洋思想だけでなく、西洋思想においても、市場規範と社会規範のバランスを取ることの重要性が説かれている。例えば、フランスの政治思想家・法律家・政治家のアレクシス・ド・トクヴィル(1805～1859)は、「アメリカのデモクラシー」を1840年に発表している [6)]。トクヴィルは、民主政治では多数者の意見が絶対であるため同調圧力を生み、少数者の意見が排除される懸念があるとしている(多数派の専制)。そのため、平等な民主社会は、上下関係が希薄になり、利己主義に走りやすい。結果として、社会はわずかな不平等にも不満を持ち、徹底的に平等にしようとし、社会は権力に対抗する力を失っていくとしている。そのため、平等な民主社会において自由を守るためには、国家と個人の間の中間組織団体の存在が必要であると説いている。

フランスの社会学者のエミール・デュルケーム（1858～1917）は、ドイツのマックス・ウェーバーと並んで近代社会学の創始者とされており、「自殺論」を1897年に発表している[7]。この中でデュルケームは、自殺と社会環境の変化との間に何らかの関係があるとの仮説をたて、宗教社会、家族社会、政治社会の結合の強さが、自殺者を減少させるとの結論に至った。そもそも人間は、社会の規律や秩序の中で生活している。この社会の規律や秩序が個人の欲望に限度を設けているため、個人はそれ以上の欲望を抱くべきではない（分をわきまえる、足るを知る）と考え、その限定の中で満足を得て、幸福を感じる。この規律や秩序がない状態では、人間は自由になるが、満足や幸福の基準が失われ、自殺者が増加する。そのため、デュルケームは、自殺を防ぐためには個人をよく統合した社会の存在が必要であり、職業集団や同業組合の存在が重要だと説いている。

一方で、イギリスの経済人類学者のカール・ポランニー（1886～1964）は、大転換を1944年に発表した[8]。ポランニーは、19世紀の社会は、①市場経済の支配が拡大していく動き（経済的自由主義の原理）と同時に、その反作用として②市場の有害な働きから最も直接的な影響を被る人々の支持に依拠し、保護立法・圧力団体・その他干渉用具を手段として利用する動き（社会防衛の原理）、の2つの動きがあると主張している。この社会防衛の原理として、労働組合、農業組合、生活協同組合が重要であるとしている。また、現代の社会学者ロバート・パットナムの「社会関係資本（Social Capital）」[9]も本質的には同じものである。

これまで、18 世紀の経済自由主義、20～21 世紀にかけての新自由主義（規制緩和、自由化、民営化等）では、市場規範（経済合理性、経済合理的な原則）を追求することが望ましいと考えられてきた。しかし、市場規範がもたらした大量生産・大量消費型の社会の裏では、先述のような社会や環境の変化やそれに伴う問題が起きており、いまだに解決方法は見つかっていない。

これまで述べてきた東洋思想・西洋思想に学び、これからは市場規範（経済合理性、経済合理的な原則）だけでなく社会規範（社会的ルール、規則、道徳）も追求し、二つのバランス（中庸）が取れた社会を実現することが必要であり、この考え方を都市の装置の中に埋め込んでいくことが、スマートシェアリングシティの根底にある考え方である[10)]。

4-2 スマートシェアリングシティの定義

これまでの議論をもとに、ここでは新たな都市モデルとして、スマートシェアリングシティ (Smart Sharing City: 略称 SSC) を定義する。

スマートシェアリングシティとは、「都市内の資源を賢く高度にシェアすることを通じて、経済的価値とともに社会的価値を向上させる都市」のことである。

4-2-1 スマートの定義（経済的価値と社会的価値）

スマートシェアリングシティにおける「スマート」とは、「経済的価値とともに、社会的価値をより高めること」を示している。経済的価値とは、個人や企業が重要視する（求める）価値（考え方）である。例えば、個人や企業のコストを最小化すること、便益を最大化すること、などである。経済的価値の追求は、個人や企業の便益を向上させるが、社会全体の便益を低下させる場合もある。例えば、経済的価値を優先して、地球温暖化対策を軽視すれば、個人や企業は短期的な便益を最大化できるかもしれないが、安心・安全や暮らしの安定を脅かすことになる。

一方で、社会的価値とは、集団や公共が重要視する（求める）価値（考え方）である。例えば、安心・安全であること、暮らしが他者から脅かされないこと、公平・公正であること、歴史・文化を尊重すること、などである(注1)(注2)。社会的価値の追求は、社会全体の便益を向上させるが、個人・企業の便益を低下させる場合もある。例えば、社会的価値を優先して、地球温暖化対策を重視すれば、個人や企業の便益を最大化できないかもしれないが、安心・安全や暮らしの安定を確保することができる。

スマートシェアリングシティでは、シェアリングを推進することを通じて個人・企業の便益を高める。例えば、ICTによる短時間のマッチングにより、稼働していない資産を効率的に共同で利用することができる。また、スマートシェアリングシティでは、社会や環境の変化への対応を通じて、社会全体の便益を高める。例えば、気候変動への対応、人口減少・少子高齢化への対応などである。

そして、スマートシェアリングシティでは、社会全体の便益をより高めることを重視する。そのため、社会全体の便益を追求した結果、個人・企業の便益を低下させる場合もある。しかし長期的には、社会全体の便益の向上が、個人・企業の経済的価値の向上にもつながると考える。

4-2-2 シェアリングの定義（共同利用と適正分担）

スマートシェアリングシティにおける「シェアリング」とは、広義には「分かち合うこと（share)」を示すが、大別すると次の二つの意味を有している。

第一に、「複数の人や団体が、遊休資産を、異なる時間あるいは同じ時間に、共同で利用するように行動することである（以下、共同利用：The act of sharing)。第二に、「あるものが、複数の方法や場所や用途によって、適正に分担された状態のことである（以下、適正分担：A reasonably shared state)。

「共同利用」と「適正分担」の関係は、「行動」と「状態」の関係をもとに、**図 4-1** のように説明できる。

個人・企業が、複数の選択肢の中から合理的な選択をし、「行動」した結果、その「行動」の集合が実社会に具現化され、ある「状態 A」が形成されると考える。この時、個人・企業の「行動」が変化すれば、状態は「状態 A」から「状態 B」へと変化する。すなわち、「行動」と

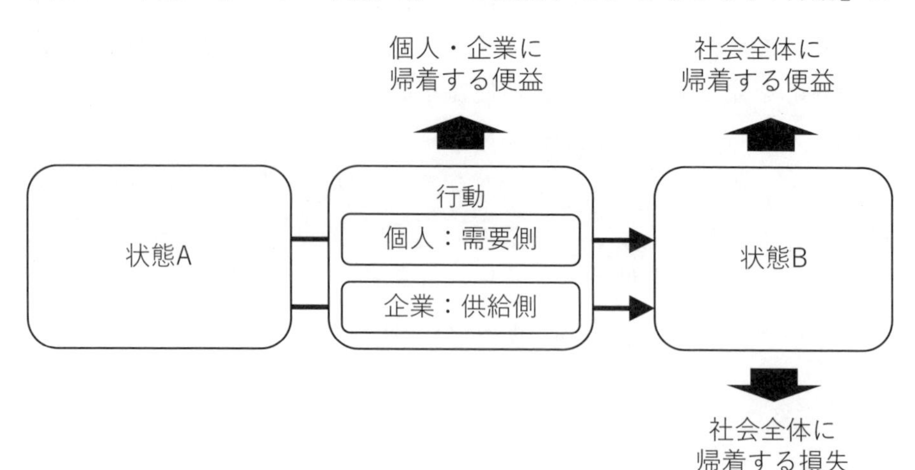

図 4-1　「行動」と「状態」、帰着する「便益・損失」の関係

「状態」は、原因と結果の関係にあり、個人・企業の視点で考えれば、「行動」であり、社会の視点で考えれば「状態」である。例えば、個人の「行動」である交通手段の選択が、社会の「状態」である交通手段の分担関係（交通手段分担率）を形成している。また、企業の「行動」である発電方法の選択が、社会の「状態」である発電方法の分担関係（エネルギーミックス）を形成している。

そして、「共同利用」と「適正分担」は、それぞれ「行動」と「状態」の一種と捉えることができる。このとき、個人や企業の「共同利用」という行動が、結果として社会の「適正分担」という状態を形成する場合とそうでない場合がある（**図 4-2**）。

共同利用と適正分担の関係は、以下の 2 つに分類できる。第一に、①トレード・オフ型であり、過度な共同利用により適正分担が妨げられ、社会全体の損失を発生させるものである。第二に、②シナジー型であり、共同利用により適正分担が形成され、社会全体の便益を享受するものである。

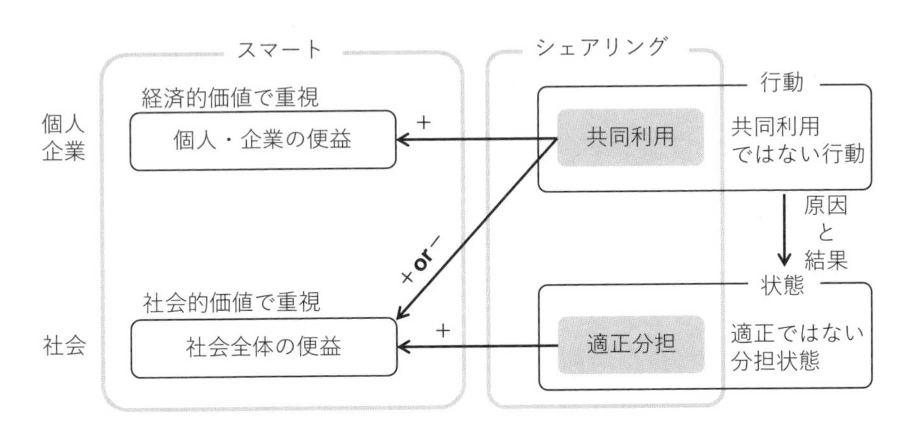

図 4-2　スマートシェアリングシティと共同利用・適正分担

①トレード・オフ型について例示すると、「共同利用」という個人の行動であるライドシェア（相乗り）が進み、道路空間の「適正分担」という状態が形成されれば、道路混雑の解消を通じて社会的便益を発生させる。しかし、鉄道からライドシェアへのモーダルシフトが進み、交通手段の「適正分担」という状態が形成されなければ、道路混雑・公共交通の衰退・環境負荷増大などを通じて社会的損失を発生させる。

②シナジー型について例示すると、分散型電源によって、地区や地域コミュニティごとに分散して電源を設置し、発電した電力を地区や地域コミュニティの住民で共同利用することによって、発送電による継続的ストレスや、災害による突発的脅威といった問題にも対応することができ、社会的便益を向上させる。

すなわち、個人・企業は、「行動」した結果として、個人・企業に帰着する便益を享受する。また社会は、個人・企業が「行動」した結果によって形成される「状態」によって、社会全体に便益を帰着させる場合もあれば、損失を帰着させる場合もある。

スマートシェアリングシティでは、個人・企業に帰着する便益を高めつつ、社会全体に帰着する便益を向上させるために、「共同利用」を促す。また、社会全体に帰着する損失を被らないようにするために、「適正分担」を目指して、個人・企業の「行動」に対する規制・誘導を行う必要がある。

4-2-3 新たな都市計画に向けた６つの要素とスマートシェアリングシティの関係

2-2-2 で示した新たな都市計画に向けた６つの要素とスマートシェアリングシティの関係を以下に示す（図 4-3）。新たな都市計画に向けた６つの要素とスマートシェアリングシティの関係は、スマートシ

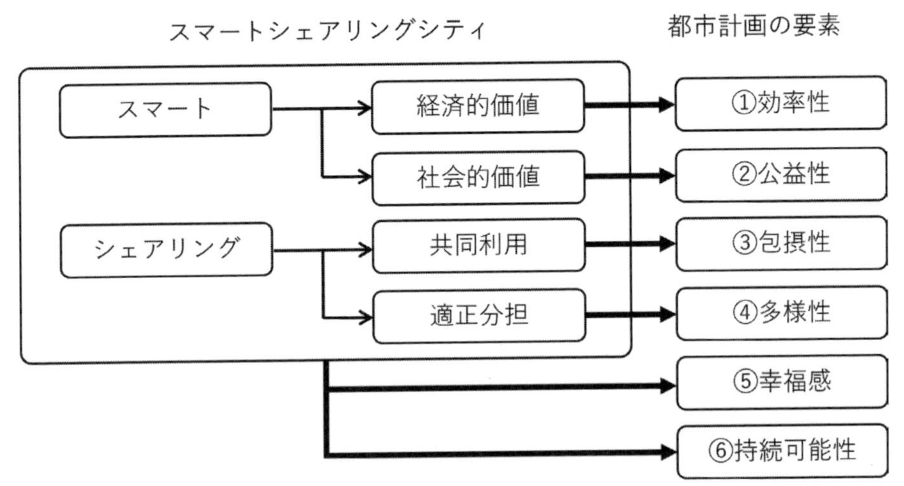

図 4-3　都市計画の要素とスマートシェアリングシティの関係

ェアリングシティにおけるスマートの定義、シェアリングの定義、スマートシェアリングシティの目標の三点から整理ができる。第一に、スマートシェアリングシティにおける「スマート」が、新たな都市計画に向けた6つの要素における「①効率性」と「②公益性」に関係する。スマートシェアリングシティにおける「スマート」とは、「経済的価値とともに、社会的価値をより高めること」である。「経済的価値」とは、「個人や企業が重要視する（求める）価値（考え方）」、「社会的価値」とは、「集団や公共が重要視する（求める）価値（考え方）」である。ここで、「経済的価値」と「社会的価値」はそれぞれ、新たな都市計画に向けた6つの要素における「①効率性」と「②公益性」に対応している。新たな都市計画に向けた6つの要素における「効率性」とは、「資源や財の配分について無駄をなくすこと。特に未利用な資源や財を、有効に活用すること」、「公益性」とは、「持続可能な社会を実現するために個人的な便益だけでなく、社会的な便益の向上を図ること」である。「経済的価値」を高めるためには、資源や財の配分について無駄をなくす「効率性」の考え方が重要である。また、「社会的価値」を高めるためには、社会的な便益の向上を目指す「公益性」の考え方が重要である。

第二に、スマートシェアリングシティにおける「シェアリング」が、新たな都市計画に向けた６つの要素における「③包摂性」と「④多様性」に関係する。スマートシェアリングにおける「シェアリング」とは、「分かち合うこと」であり、「共同利用」と「適正分担」の二つの意味がある。「共同利用」とは、「複数の人や団体が、遊休資産を、異なる時間あるいは同じ時間に、共同で利用するように行動すること」、「適正分担」とは、「あるものが、複数の方法や場所や用途によって、適正に分担された状態のこと」である。そのため、「共同利用」と「適正分担」はそれぞれ、新たな都市計画に向けた６つの要素における「③包摂性」と「④多様性」に関係すると捉えることができる。ここでの「包摂性」とは、「多様な価値観を認め、誰一人残さない社会システムを構築すること」、「多様性」とは、「多様な資源（リソース）をバランスよく活用すること」である。「共同利用」は、所有する以外の多様な選択を担保し、限られた財や資源を分かち合うことでもある。これは、誰一人残さない社会システムを構築する「包摂性」の考え方にもとづいている。また、「適正分担」は、社会の適正な状態を目指すことであり、これは、資源をバランスよく活用する「多様性」の考え方にもとづいている。

第三に、スマートシェアリングシティの目標が、新たな都市計画に向けた６つの要素における「⑤幸福感」と「⑥持続可能性」に関係する。スマートシェアリングシティでは、総じてシェアリングを通じて、経済的価値とともに、社会的価値をより高めることを目指している。

これは、新たな都市計画に向けた6つの要素において、「現存世代だけでなく、将来世代の人々のWell-beingの向上に寄与すること」を掲げた「幸福感」と関連が深い。また、先述した5つの要素が将来世代にも続くことを示す「持続可能性」の考え方を包含している。他の様々な都市モデルと同様に、スマートシェアリングシティの究極の目標は、人々が幸福に暮らせる都市を実現し、その持続可能性を担保することであり、そうした意味でも「幸福感」と「持続可能性」とは密接な関係がある。

4-3 スマートシェアリングシティの内容と効果

4-3-1 共同利用と適正分担の内容

スマートシェアリングシティにおいて、経済的価値や社会的価値を高めるためにどのような政策や対策があるか、共同利用と適正分担に分けて紹介する。なお、スマートシェアリングシティにおけるシェアリングには、個人・企業の視点で考える共同利用と、社会の視点で考える適正分担がある。以下ではそれぞれの施策を例示する(**図 4-4**)。

第一に、共同利用に関する施策としては、シェアハウスによって、複数の人が土地や建物を共同利用する、カーシェアやライドシェアによって、複数の人が自動車を共同利用する、電力融通によって、複数の企業が、需要に応じて電力を共同利用（融通）する、などがある。

第二に、適正分担に関する施策としては、混合土地利用(Mixed Land Use）によって、土地・建物の用途が、複数の方法で分担されている、あるいは TDM（手段の変更）によって、交通手段が複数の方法で分担されていることなどが挙げられる。また、分散型電源によって、必要な電力の発電が複数の場所で分担されている、などがある。

このように、スマートシェアリングシティにおけるシェアリングは、共同利用に関する施策と適正分担に関する施策があり、現状では様々な目的のために実施されており、それぞれが異なった効果を発現している。

対象	共同利用または適正分担	シェアリング
土地利用	複数の人が、働く場所を共同利用する	建物の利用
	働く場所が、複数の方法で分担されている	テレワーク
	複数の人が、土地・建物を共同利用する	シェアハウス，マンション、オフィスビル
	土地・建物の用途が、複数の方法で分担されている	Mixed Land Use（複合施設、兼用住宅、都市農地など）
	土地・建物の密度が、高密度な場所と低密度な場所で分担されている	コンパクトシティ
交通	複数の人が、交通路（リンク）を共同利用する	交通路の利用
	交通ネットワークが、複数の経路で分担されている	TDM（経路の変更）
	複数の人が、交通具（モード）を共同利用する	カーシェア・ライドシェア、シェアサイクル、乗合いバス、鉄道
	交通手段が、複数の方法で分担されている	TDM（手段の変更）
エネルギー	複数の人が、電力を共同利用する	電力系統の利用
	必要な電力の発電が、複数の方法で分担されている	エネルギーミックス
	複数の企業が、需要に応じて電力を共同利用（融通）する	電力融通
	必要な電力の発電が、複数の企業・個人で分担されている	分散型電源
食料	複数の人が、食料を共同利用（消費）する	おすそ分け
	必要な食料の調達が、複数の方法で分担されている	サプライチェーンマネジメント

【凡例】

共同で利用する行動（The act of sharing）

適正に分担された状態（A reasonably shared state

図 4-4　共同利用と適正分担の例

4-3-2 共同利用と適正分担の効果

ここでは、例として地域分類ごとの交通に着目し、共同利用を推進した場合と、共同利用・適正分担の両方を推進した場合の効果を示す。地域分類は、大都市、地方都市、過疎地（中山間地域）の三つである。

（1）現在の交通の状況

地域分類ごとの一般的な交通の状況（混雑や渋滞の発生状況）は、時間軸と空間軸で以下のように表される（**表 4-1**）。

大都市の鉄道は、ピーク時には全域的に混雑し、オフピーク時にも局所的な混雑が発生している。また、大都市の道路もまた、ピーク時には全域的に渋滞し、オフピーク時にも局所的な渋滞が発生している。

表 4-1　地域分類・交通手段ごとの混雑状況

時間＼空間		大都市		地方都市		過疎地	
		局所的	全域的	局所的	全域的	局所的	全域的
鉄道	ピーク	×	×	×	○	○	○
	オフピーク	×	○	○	○	○	○
道路	ピーク	×	×	×	○	○	○
	オフピーク	×	○	○	○	○	○

○：混雑や渋滞の発生がない
×：混雑や渋滞の発生がある

地方都市の鉄道は、ピーク時には局所的に混雑するものの、全域的に混雑することはあまりない。地方都市の道路もまた、ピーク時に局所的な渋滞が発生するものの、全域的に渋滞が発生することはあまりない。過疎地では、鉄道は整備されていないことが多く、平常時に道路が渋滞することはあまりない。

（２）共同利用を推進した場合の効果

地域分類ごと、利用主体ごとに、導入できるシェアリングサービスは異なるし、需要が小さく導入が困難な場合もある。現状の主な交通手段と導入するシェアリングサービスを示すと、以下のようになる（**表 4-2**）。

現状の主たる交通手段として、大都市ではどの利用主体も鉄道を利用し、地方都市や過疎地では、中高生を除き、自動車を利用している傾向にある。

共同利用を推進する場合には、大都市で鉄道を利用している人や地方都市、過疎地で自動車を利用していない人の一部が、シェアリングサービスへのモーダルシフトが起こる可能性がある。このとき、利用主体ごとに利用が想定されるシェアリングサービスは異なる。

ビジネスパーソンは、時間に拘束されることから、時間価値が高い。そのため、大都市では鉄道の乗換えが発生するODペアで、カーシェアやライドシェア（配車型）を利用することが想定される。地方都市では、公共交通、自転車、徒歩で移動していた人が、カーシェアやライドシェア（配車型）を利用することが想定される。なお、過疎地では、カーシェア、ライドシェア（配車型）のサービスが成立するかは条件次第となる。

中高生は、固定された登校・下校時間による移動となり、時間価値はそこまで高くない。そのため、大都市では鉄道からのモーダルシフ

表 4-2　地域分類・主体ごとに利用可能な共同利用・適正分担

		大都市	地方都市	過疎地
ビジネスパーソン（通勤）	現状の交通手段	鉄道	鉄道or自動車	自動車
	導入する共同利用	カーシェア ライドシェア （配車型）	カーシェア ライドシェア （配車型）	–
	適正分担の施策	時差出勤の推進、在宅勤務の推進 ライドシェア（相乗型）の推進、サイクルシェアの推進		

		大都市	地方都市	過疎地
中高生（通学）	現状の交通手段	鉄道	鉄道or自転車	自転車
	導入する共同利用	–	ライドシェア （相乗型）	ライドシェア （相乗型）
	適正分担の施策	–		

		大都市	地方都市	過疎地
子育て層（私事）	現状の交通手段	鉄道	自動車	自動車
	導入する共同利用	ライドシェア （配車型）	ライドシェア （配車型）	ライドシェア （配車型）
	適正分担の施策	ライドシェア（相乗型）の推進		

		大都市	地方都市	過疎地
高齢者（通院・買物）	現状の交通手段	鉄道	自動車（送迎）	外出困難
	導入する共同利用	デマンド交通 （相乗型）	デマンド交通 （相乗型）	デマンド交通 （相乗型）
	適正分担の施策	–		

		大都市	地方都市	過疎地
観光客（観光）	現状の交通手段	鉄道	自動車	自動車
	導入する共同利用	カーシェア ライドシェア （配車型）	カーシェア ライドシェア （配車型）	カーシェア ライドシェア （配車型）
	適正分担の施策	ライドシェア（相乗型）の推進、サイクルシェアの推進		

ライドシェア（配車型）：ドライバーに目的地がなく、利用者を目的地に送迎するライドシェア
ライドシェア（相乗型）：ドライバーに目的地があり、同じ方向に向かう利用者を送迎するライドシェア

トはあまりない。地方都市や過疎地では、鉄道や自転車での通学が不便な人が、同じ学校へ行く人とライドシェア（相乗型）を利用することが想定される。

子育て層は、子どもを連れて移動することから移動に負担があり、時間価値が高い。そのため、大都市では鉄道の乗換えが発生する OD ペアで、カーシェアやライドシェア（配車型）を利用することが想定される。地方都市では、公共交通、自転車、徒歩で移動していた人が、カーシェア、ライドシェア（配車型）を利用することが想定される。なお、過疎地では、利用者が少なく、カーシェア、ライドシェア（配車型）のサービスが成立するかは条件次第となる。

高齢者は、時間に拘束されないことから、時間価値がそこまで高くない。そのため、大都市、地方都市、過疎地において、デマンド交通（相乗型）を利用することが想定される。

観光客は、非日常の移動であることから、時間価値が高い。そのため、大都市では鉄道の乗換えが発生する OD ペアで、カーシェアやライドシェア（配車型）を利用することが想定される。地方都市では、公共交通、徒歩で移動していた人が、カーシェアやライドシェア（配車型）を利用することが想定される。なお、過疎地では、利用者が少なく、カーシェア、ライドシェア（配車型）のサービスが成立するかは条件次第となる。

このようになった場合に、地域の交通手段の分担関係はどのように変化するだろうか。大都市と地方都市を対象にパーソントリップ調査をもとに想定してみると以下のようになる（**表 4-3**）。

大都市では、鉄道、自転車からカーシェアやライドシェア（配車型）、ライドシェア（相乗型）へのモーダルシフトにより、現状に対して、鉄道、自転車の分担率が減少し、自動車の分担率が増加することが想定される。これにより、個人の利用者便益は増加するが、鉄道事業者の供給者便益は低下するとともに、道路の渋滞が悪化することにより、社会の便益は減少することが危惧される。

地方都市では、バス、自転車、徒歩からカーシェアやライドシェアへの転換により、現状に対して、バス、自転車、徒歩の分担率が減少し、自動車の分担率が増加することが考えられる。これにより、個人の便益は増加するが、道路の渋滞が悪化すること、バスの利用者の減少により公共交通が衰退することにより、社会の便益は減少することが危惧される。

表 4-3　共同利用が交通手段分担率に与える効果 11) 12) を参考に作成

万トリップエンド

	大都市		地方都市	
ピーク時 (7～10時)	現状	共同利用	現状	共同利用
鉄道	512.6	461.3	1.1	1.1
バス	16.3	16.3	0.8	0.6
自動車	51.0	110.1	18.4	20.4
自転車	78.4	70.6	4.0	3.2
徒歩	101.7	101.7	5.1	4.1
合計	760.0	760.0	29.4	29.4

【大都市】
鉄道の10%、自転車の10%がカーシェアやライドシェア（配車型）にモーダルシフトすることを想定
【地方都市】
バスの20%、自転車の20%、徒歩の20%がカーシェアやライドシェア（配車型）にモーダルシフトすることを想定

（3）共同利用に加え適正分担を推進した場合の効果

以上のように、共同利用のみを推進した場合、個人の利用者便益は増加するが、社会の便益は減少することが危惧される。では、共同利用に加え、適正分担を推進するとどのような効果が見込めるだろうか。ここで、適正分担を推進するための施策とは、「時差出勤の推進」、「在宅勤務の推進」、「ライドシェア（相乗型）の推進」、「サイクルシェアの推進」である。これらの施策は、共同利用の推進によって発生する社会の便益の減少を緩和することができる。例えば、ライドシェア（配車型）は、道路の渋滞を悪化させるが、ライドシェア（相乗型）は、それを緩和することができる。利用主体ごとに、適正分担を推進するための施策を示す（**表 4-2**）。

ビジネスパーソンには、共同利用に加えて、「時差出勤の推進」、「在宅勤務の推進」、「ライドシェア（相乗型）の推進」、「サイクルシェアの推進」を実施する。

子育て層には、共同利用に加えて、「ライドシェア（相乗型）の推進」を実施する。

観光客には、共同利用に加えて、「ライドシェア（相乗型）の推進」、「サイクルシェアの推進」を実施する。

なお、中高生、高齢者は、共同利用の推進において道路の渋滞への影響が比較的小さい相乗型のシェアリングサービスを想定しているため、適正分担を推進するための施策をここでは想定しない。

このようになった場合に、地域の交通手段の分担関係はどのように変化するだろうか。大都市と地方都市を対象にパーソントリップ調査をもとに想定してみると以下のようになる（**表 4-4**）。

大都市では、共同利用に加えて、「時差出勤の推進」、「在宅勤務の推進」、「ライドシェア（相乗型）の推進」、「サイクルシェアの推進」といった適正分担を推進するための施策により、現状に対して、鉄道の分担率を減少させつつ、自動車の分担率も減少することが考えられる。これにより、個人の便益が増加するとともに、鉄道の混雑と自動車の渋滞が改善することにより、社会の便益も増加させることが可能である。

地方都市では、共同利用に加えて、「時差出勤の推進」、「在宅勤務の推進」、「ライドシェア（相乗型）の推進」といった適正分担を推進するための施策により、現状に対して、バスの分担率を維持しつつ、自動車の分担率が減少することが考えられる。これにより、個人の便益が増加するとともに、バスの利用者を維持しつつ、自動車の渋滞が改善することにより、社会の便益も増加させることが可能である。

表 4-4　共同利用・適正分担が交通手段分担率に与える効果 11) 12)を参考に作成

万トリップエンド

ピーク時（7～10時）	大都市 現状	大都市 共同利用と適正分担	地方都市 現状	地方都市 共同利用と適正分担
鉄道	512.6	379.3	1.1	1.1
バス	16.3	16.3	0.8	0.8
自動車	51.0	63.9	18.4	14.7
自転車	78.4	83.5	4.0	3.2
徒歩	101.7	101.7	5.1	4.1
合計	760.0	644.7	29.4	23.9

【大都市】
鉄道の20%が在宅勤務や時差出勤、5%がカーシェアやライドシェア（配車型）、1%がサイクルシェア、自動車の20%が在宅勤務や時差出勤、5%がライドシェア（相乗型）にモーダルシフトすることを想定
【地方都市】
自転車の20%が在宅勤務や時差出勤、10%がライドシェア（相乗型）、自転車の20%、徒歩の20%がカーシェアやライドシェア（配車型）にモーダルシフトすることを想定

4-4 都市計画とスマートシェアリングシティ

4-4-1 近代の都市計画の内容と構成

近代の都市計画（city planning）は、市民が健康で文化的な生活が享受でき、都市活動が十分達成できるように、目標とする都市像を計画し、それを実現するための間接的な規制的手法と直接的な事業的手法とで構成されている。都市計画はいわば、規制的手法と事業的手法を通じて、マスタープランに描かれた理想像へ誘導する技法である。スマートシェアリングシティの中では、例えば土地利用における適正分担を達成しようとするのもその一部といえる。

都市計画の主な内容・手法は、マスタープラン（計画）、土地利用規制（規制的手法）、都市施設（事業的手法）、市街地開発事業（規制的手法・事業的手法）などがある（図 4-5）。

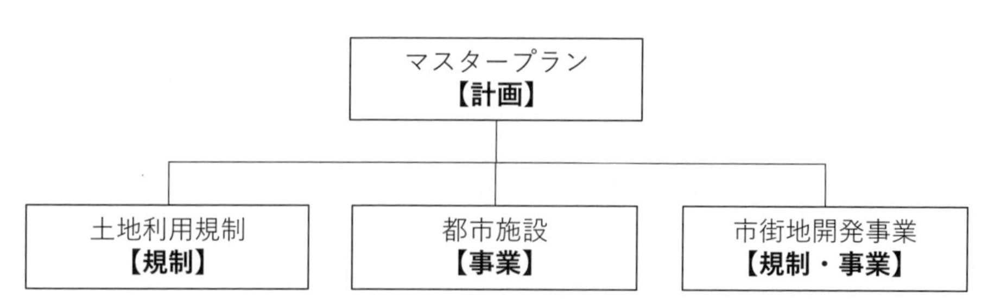

図 4-5　都市計画手法の構成

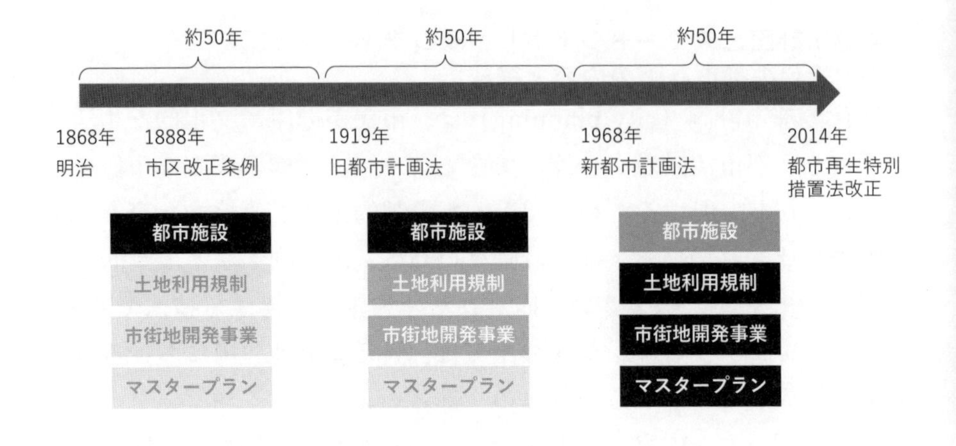

図 4-6　近代の都市計画法制度の変遷

近代の都市計画法制度は、明治 21（1888）年の市区改正条例にはじまり、大正 8（1919）年の旧都市計画法、昭和 43（1968）年の新都市計画法と変遷してきている。その特徴としては、当初、市街地の骨格をなす都市施設（道路、公園、河川など）の線的、点的整備に重点が置かれていたものが、都市を面的に規制する土地利用規制や面的整備を進める市街地整備事業（土地区画整理事業、市街地再開発事業など）や、それらを方向付けるマスタープラン（計画）へとその比重が変化してきたとみることができる（**図 4-6**）。

4-4-2 土地利用と交通の相互関係

市区改正条例から 130 年以上の歴史を経た都市計画は、現在では専門分化され、土地利用計画、交通計画、公園・緑地計画、景観計画、防災計画、環境計画、など様々な分野別計画がある。

その中でも、土地利用計画と交通計画に着目し、その相互関係をみると、「土地を利用して行う都市活動が主であり、その都市活動を支える移動を実現するのが交通」であるため、土地利用が本源的需要であり、交通が派生需要といえる。

このとき、土地利用と交通を、人の「活動（需要側）」と活動を支える「施設（供給側）」にわけて考えると、以下の２つの関係がある（**図 4-7**）。第一に、土地利用が交通に及ぼす影響（時計回り）である。例えば、建築物が整備されると、そこで新たな都市活動が生まれ、そこへ向かう交通行動が生まれ、交通需要を支える交通施設が整備される。第二に、交通が土地利用に及ぼす影響（反時計回り）である。例えば、新幹線を整備すると、より遠くまで交通行動するようになり、その地での活動需要が増えることを期待し、新たに建築物が開発される。

このように、土地利用と交通は、相互依存の関係にある。そのため、近代の都市計画は、土地利用の規制と交通施設の整備を通じて、両者のバランスを図ることが至上命題とされてきた。また近代の都市計画は、フィジカル空間における規制的手法と事業的手法が主な対象とされてきたため、物的計画（physical planning）とも呼ばれた。

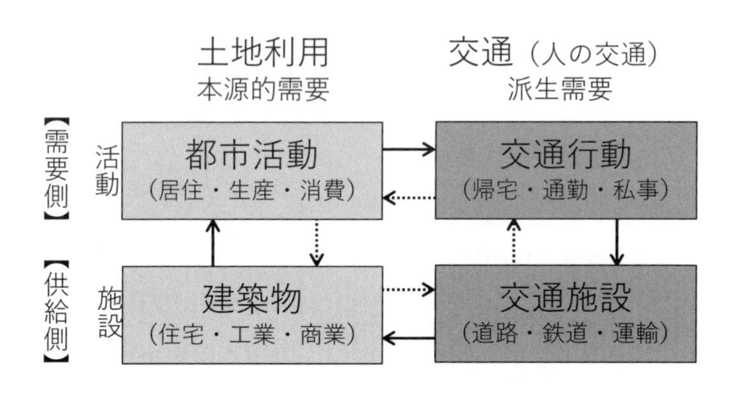

図 4-7　土地利用と交通の相互関係 [13]

4-4-3 交通と通信の代替・相乗・補完関係

土地利用と交通の相互関係とは別に、交通と通信の間には、代替関係（ある要素が他の要素に取って代わられること）、相乗関係（ある要素と他の要素が互いに刺激・誘発しあうこと）、補完関係（ある要素が他の要素の助けによって、その目的が一層達成されること）がある（**表4-5**）。

例えば、代替関係としては、会議のために外出する代わりにメールやテレビ会議で目的を達成することであり、相乗関係としては、ネットで動画を視聴すると、現実の人や物や風景を見たくなり出かけることであり、補完関係としては、メールで待ち合わせ時刻を決めたり、ネットで目的地までの道のりを事前に調べたりすることである。

交通と通信の間の関係は、高度成長期に電話やテレビが普及したことにより活発に議論され[14)15)]、近年ではインターネットやPC・スマートフォン等の普及によって新たな議論を呼んでいる[16)]。交通と通信の関係は、フィジカル空間とサイバー空間の間の関係とみることができる。

表 4-5　交通と通信の代替・相乗・補完関係

関係	定義	例
代替関係	ある要素が他の要素に取って代わられること	出かける（交通）代わりに、電話やメールで済ませる（通信）
相乗関係	ある要素と他の要素が互いに刺激・誘発しあうこと	インターネットで商品を検索すると（通信）、実物を店舗でみたくなる（交通）
補完関係	ある要素が他の要素の助けによって、その目的が一層達成されること	訪問先に電話で都合を確認後に（通信）、訪問する（交通）

4-4-4 土地利用・交通・通信とスマートシェアリングシティ

これまで述べてきたように、フィジカル空間において土地利用と交通は相互関係があり、フィジカル空間とサイバー空間において交通と通信は代替・相乗・補完関係がある。これらの関係に配慮し、共同利用の促進や適正分担の実施を賢くマネジメントすることで、経済的価値とともに社会的価値をより高められる可能性がある（図 4-8)。

ここでは、「メタバース」「テレワーク」「自動運転」を例に、土地利用と交通の関係、交通と通信の関係を通じて、スマートシェアリングシティの一側面を例示する。

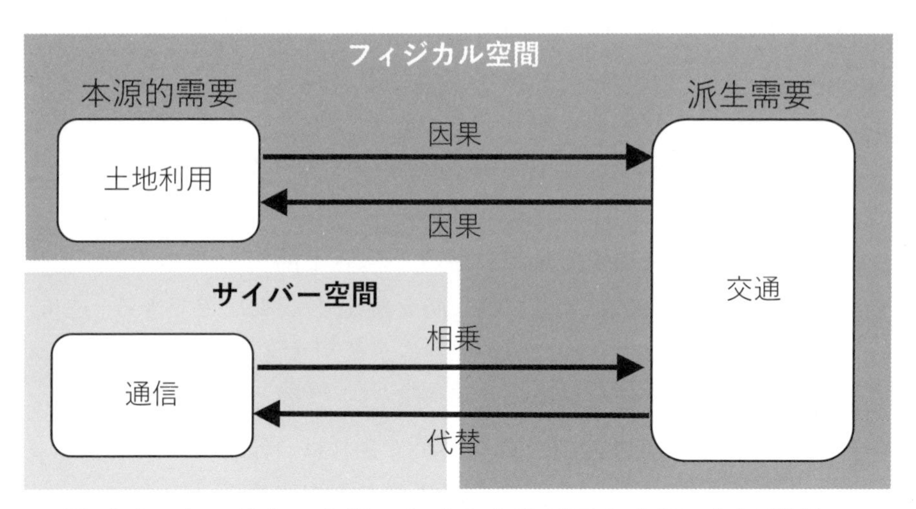

図 4-8　フィジカル空間における土地利用と交通の相互関係、およびフィジカル空間とサイバー空間における交通と通信の代替関係・相乗関係

（1）スマートシェアリングシティにおけるメタバースの活用

メタバースとは、一般的には「コンピュータネットワークの中に構築された、現実世界とは異なる3次元の仮想空間やそのサービス」のことを指す。そのため、メタバースの利用が都市に与える影響は外出率の変化が主となる。一方で、仮想空間が実際の都市を模して構成され、取り組みに関して実際の都市で活動する利害関係者と連携することで、実在都市と仮想空間上の経済圏が連動しているメタバースがある。これは都市連動型メタバースと呼ばれる。ここでは、この都市連動型メタバースを対象に、現実都市との関係について考察する。

メタバースをスマートシェアリングシティの文脈でみれば、「xR（VR、AR、MR 等）技術を活用したサイバー空間における活動を通じて、フィジカル空間における都市活動や交通行動に、代替効果や相乗効果を生み出す技術」と解釈できる。このメタバースを賢く活用することで、地域における土地利用と交通のバランスを図ることができる可能性がある。

例えば、過疎で衰退する地域にメタバースを活用することで、相乗効果により、フィジカル空間での来訪を創出することができる。逆に、オーバーツーリズムで社会全体の便益が低下する地域にメタバースを活用することで、代替効果によりサイバー空間での活動が増えフィジカル空間での来訪を抑制することができれば、経済的便益を低下させることなく、社会全体の便益を高めることができる。

（2）スマートシェアリングシティにおけるテレワークの活用

テレワークとは「情報通信技術（ICT=Information and Communication Technology）を活用した、場所や時間にとらわれない柔軟な働き方」のことであり、自宅を勤務先とする「在宅勤務」、顧客先や移動中に業務を行う「モバイルワーク」、勤務先以外のオフィススペースで業務を行う「サテライトオフィス勤務」に大別される[17)]。

テレワークをスマートシェアリングシティの文脈でみれば、「情報通信技術を活用した自宅以外での勤務活動を通じて、フィジカル空間における都市活動（勤務活動）を抑制することなく、交通行動（需要）を抑制させること」と解釈できる。

例えば、道路や鉄道が混雑する大都市でテレワークを推進することで、交通と通信の代替効果により通勤することなく自宅で勤務することができれば、経済的便益を低下させることなく（都市活動を抑制することなく）、社会全体の便益を高めることができる（交通混雑を緩和することができる）。

テレワークの進展は、土地利用にも影響を及ぼす[18)]。テレワークの進展によって毎日通勤する必要がなくなれば、個人や企業の居住地選択や立地選択は郊外に移る可能性がある。このとき、都心の人口密度や建物密度が低下すれば、よりゆとりある都心の空間を享受することができるようになり、総合的には生活の質が向上することになる。

このように、通信が交通に影響を及ぼし、更に土地利用に影響を及ぼすことから、スマートシェアリングシティでは、社会全体の損失が発生しないようにマネジメントする必要がある。

（3）スマートシェアリングシティにおける自動運転車両の活用

自動運転車両とは、「人間が運転操作を行わなくとも自動で走行できる自動車」のことである。自動運転のレベルは、SAE（Society of Automotive Engineers）によって5段階のレベルが定義されている。

自動運転車両をスマートシェアリングシティの文脈でみれば、「自動運転車両（レベル4以上）の利用を通じて、移動中にも生産活動を行うことが可能な技術」と解釈すれば、移動空間が様々なシェアリングの場所として提供される。

自動運転車両の普及は、土地利用にも影響を及ぼす[19]。自動運転車両の普及によって、自ら運転する必要がなくなったり、移動中に別の活動ができるようになったりすれば、個人や企業の居住地選択や立地選択は郊外に移る可能性がある。このとき、都心の人口密度や建物密度が低下すれば、よりゆとりある都心の空間を享受することができるようになり、総合的には生活の質が向上することになる。

補注

(注1) 経済学における価値分類には、①直接利用価値、②間接利用価値の他に、③オプション価値、④代位価値、⑤遺贈価値、⑥存在価値がある。このうち、③は将来の自分、④は現代の他者、⑤は将来の他者が、財や環境を利用できることに対して見出される価値であるが、市場の中では見出されにくい。本稿ではこれらも社会的価値に含まれている。

(注2) 社会的価値は、社会背景によって変化する。そのため、社会全体の合意形成によって内容や評価方法を設定する必要がある。

参考文献

1) Heyman, J & Ariely, D (2004). Effort for Payment A Tale of Two Markets. Psychological Science, Vol.15, No.11, pp.787-793.

2) 井波律子訳：完訳論語, pp.170-171, 岩波書店, 2016.

3) 池田知久：老子　全訳注, pp.101-103, 講談社学術文庫, 2019.

4) 中村元編著・福永光司編著・田村芳朗編著・今野達編著：岩波仏教辞典, 岩波書店, 1989.

5) E・F・シューマッハー著, 小島慶三訳・酒井懋訳：スモールイズビューテ

ィフル　人間中心の経済学，pp.69-81，講談社学術文庫，1986.

6) トグヴィル著，井伊玄太郎訳：アメリカの民主政治（上）（中）（下），講談社学術文庫，1987.

7) エミール・デュルケーム著，宮島喬訳：自殺論，中公文庫，2018.

8) カール・ボランニー著，吉沢英成訳：大転換-市場社会の形成と崩壊-，東洋経済新報社，1975.

9) 稲葉陽二：ソーシャル・キャピタル入門-孤立から絆へ-，中公新書，2011.

10) 浅野周平，大門創（2022）：社会的価値向上のためのスマートシェアリングシティの枠組み，土木計画学研究・講演集，No.66，CD-ROM（全6頁）.

11) 東京都市圏パーソントリップ調査（平成20年）

12) 県央広域都市圏生活行動実態調査（宇都宮市）（平成26年）

13) 杉山雅洋編著，国久荘太郎編著，浅野光行編著，苦瀬博仁編著：明日の都市交通政策，成文堂，2003.

14) 国際交通安全学会633プロジェクトチーム（1982）：交通と通信の代替・補完関係，国際交通安全学会誌，Vol.8，No.3，pp.36-41.

15) 呉東建，苦瀬博仁，中川義英（1992）「情報システムによる物流の代替・相乗・補完効果の分析」，都市計画論文集，No. 27, 355-360.

16) 大門創（2020）：情報化の進展による人の交通・物の輸送の代替関係と都市のコンパクト化・スマート化，運輸と経済，Vol.80，No.3，pp.40-44.

17) 一般社団法人日本テレワーク協会（最終閲覧日：2020年9月14日），https://japan-telework.or.jp/.

18) 大門創：都市のスマート化が居住地選択へ及ぼす影響に関する基礎的研究 -テレワーク，ネット通販，自動運転車両の推進を想定して-（2018）都市計画論文集，No.57-1，pp.98-105.

19) Soteropoulos, A., Berger, M., and Ciari, F. (2018). Impacts of automated vehicles on travel behaviour and land use: an international review of modelling studies. Transport Reviews, pp.1-21.

第5章　スマートシェアリングシティに向けた技術と政策

スマートシェアリングシティを実現するためには多様な分野からのアプローチが必要となる。本章では、都市を構成する土地利用とそれを支える人の流れ、物の流れ、エネルギーの供給に着目する。各分野における主たる技術や政策についてのイメージを**図 5-1** に示す。ここで取り上げた土地利用、物流分野、交通分野、エネルギー分野は互いに相互関連があるため、一つの技術や政策が互いに影響を与え合う。スマートシェアリングシティのシェアリング（適正分担・共同利用）の視点で、これまでの技術や政策を整理する。

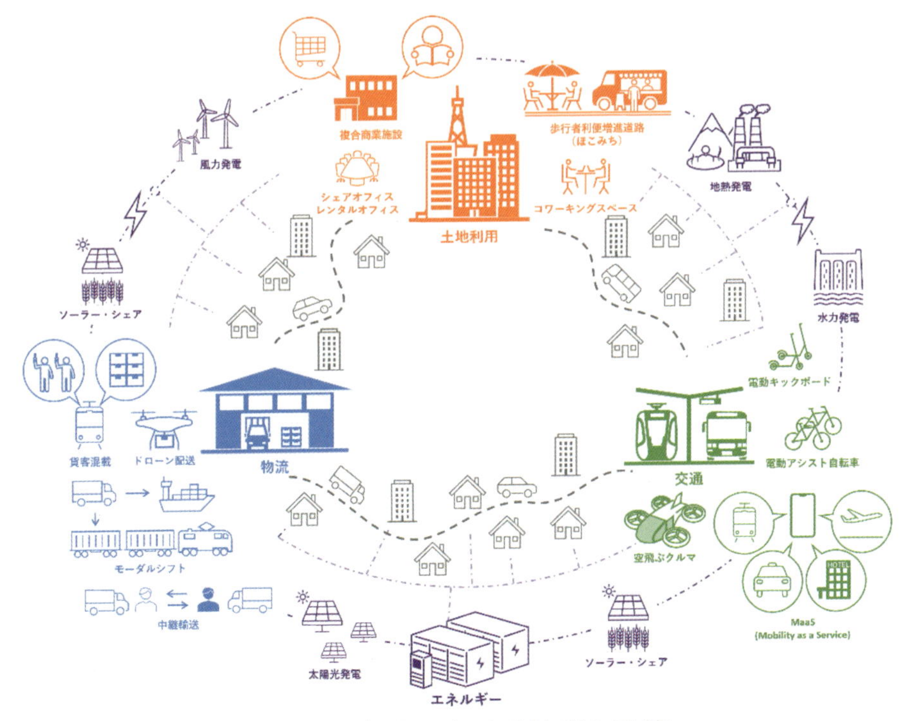

図 5-1　都市における技術と政策

5-1 土地利用におけるシェアリング技術と政策

本節では、スマートシェアリングシティを実現するために、個人・企業の視点で考える共同利用と、社会の視点で考える適正分担について、土地利用分野のシェアリングの事例を紹介する。

土地利用分野の対象には、居住施設である戸建、アパート、マンション、宿泊施設であるホテル、働く場所であるオフィスビルが「施設」としてある。「施設」外では、道路や駐車場、道の駅などの公共性の高い「空間」がある。

施設についてみると、居住施設を共同利用するシェアハウス、オフィスを共同利用するシェアオフィスおよびコワーキングスペースがある。適正分担としては、住居と店舗など併用した店舗併用住宅、複合施設がある。

また、宿泊施設などについては宿泊とは異なる用途で施設を利用するケースがコロナ禍において見受けられた。空間については、様々な交通機能を一つの拠点に集約して効率性を高めるモビリティハブのほか、対象とする同一の空間に対し、時間帯によって用途を変えるかたちで共同利用するシェアリングがある。

5-1-1 土地利用における共同利用の事例

（1）住居

一つの賃貸物件に複数の者が共同で生活する形態であるシェアハウス（共同居住型賃貸住宅）は、若年の単身世帯を中心に注目を集めている。シェアハウスはリビング、台所、浴室、トイレなどを共用部とし、安価な賃料で入居者間が交流することができ、2000 年代より徐々に物件数を増やしている。近年では、老朽化した賃貸物件に対して改修工事を行い、新たにシェアハウスとして不動産の再生を行う事例や、空き家物件のシェアハウスとしての活用が検討されている。空き家物件をシェアハウスとして改修し、20〜30歳代の社会人・学生などの低額所得者に貸し出すほか、高齢者や障がい者などの住宅確保要配慮者に向けたシェアハウスとして貸し出す例があり、住宅セーフティネットとしての役割を担うことが期待されている。

一方で、賃貸ではなく宿泊施設のシェアリングの事例として、民泊が挙げられる。日本の民泊に当たるサービスは、世界的にはバケーションレンタルとして知られ、オーナーが部屋を使用しない期間に、物件を旅行者等へ短期間貸出するサービスである。2000年代以降、インターネット上に貸し手（ホスト）と借り手（ゲスト）の間で貸し出しを行うHomeAwayやAirbnbなどの企業が登場し、別荘や個人宅の貸し出しサービスが世界中で利用されている。日本ではこれらの民泊サービスに加えて、特区民泊（国家戦略特別区域外国人滞在施設経営事業）や民泊新法の制度を活用し、外国人観光客の宿泊需要への対応や、国内旅行者の安価な宿泊手段として利用がなされている。

（2）事務所（オフィス）

オフィスビル内の一区画を貸し出すサービスとして、複数の事業者が共同で利用するシェアオフィスが挙げられる。シェアオフィスが同一施設を複数の目的を持った人物が利用するのに対して、これらに類似するレンタルオフィスは、専用の個室または会議室を一定の時間、一利用者に限定して貸し出すサービスである。

コワーキングスペースは、シェアオフィスと同様に複数の事業者・利用者が共同で利用するが、利用者間の連携や交流を促す特徴的な機能、空間構成になっている点で異なる。また、フリーアドレス形式で利用できる点でサテライトオフィスに類似しているが、サテライトオフィスは本社とは異なる場所に設置されたオフィスで利用者は限られている点でシェアオフィスやコワーキングスペースとは異なる。

（3）複合施設

複合施設でイメージがされるのが複合商業施設のショッピングモールである。複合商業施設は、複数テナントが出店している商業機能と映画館、オフィスなどが一体となった施設である。商業施設は、品揃えなどにより百貨店、GMS（総合スーパー）、SM（スーパーマーケット）、HC（ホームセンター）、DS（ディスカウントストア）、DgS（ドラッグストア）がある。例えば、HCを核としてSMを併設する事例などがある。

さらに地域には、多種多様な公共施設がある。図書館、博物館、公民館など社会教育施設や、小学校、中学校、高校などの学校がある。これまでこれらの施設は単体で設置されることが多かったが、複数の異なる機能の公共施設を複合化したり、公共施設と商業商業施設を複合化したりする事例など多様な形がある。

図書館複合施設は、図書館を核として、学校や駅や店舗などの公的・民間施設を設置する事例がある。また、幼老複合施設は、保育所など子供向け施設と、老人ホームやデイサービスなどの高齢者施設を併設する事例もみられる。さらに、高齢者複合施設は、高齢者施設や介護サービス事業所などが集まった施設である。個別の高齢者施設の場合、高齢者の健康状態が変化や悪化した場合には、対応できる別の施設を探す必要がある。しかしながら、複合化することでその必要性がない。

住居と店舗の複合施設としては、店舗併用住宅と店舗兼用住宅がある。違いは、建物内で行き来できるかどうかであり、店舗兼用住宅は店舗の運営者の住居とつながっており、仮に店舗を辞めた場合に住居部分と別れていないので貸し出すことが難しい。昔ながらの商店街の店舗がこのタイプとなっていることが多い。

5-1-2 土地利用における適正分担の事例

（1）道路空間

道路空間を公共財として捉えた時、より空間としての価値を高めるために立体的な利活用方法が求められる。2016 年の道路法の改正により、立体道路制度の活用と併せることで既存の一般道路を跨いだ開発が可能となり、道路の高架下や高架上の空間をより効率的に利活用することが可能となった。例えば、環状 2 号線の上部空間に建設された虎ノ門ヒルズや、新宿駅周辺のバス・タクシー乗降場を集約し、新たなモビリティハブとして整備したバスタ新宿の事例などが挙げられる。

これまでの道路空間では自動車中心の利用を目的としていたが、近年では自動車以外の多様なモビリティの利用者、歩行者を中心とした道路空間の利用が求められている。日本では 2020 年に道路法等の一部改正により歩行者利便増進道路制度が創設され、道路空間を再配分して歩行者が安心・快適に通行するための空間の構築が可能になった。これによって、カフェやベンチなどの設置による賑わいを目的とした

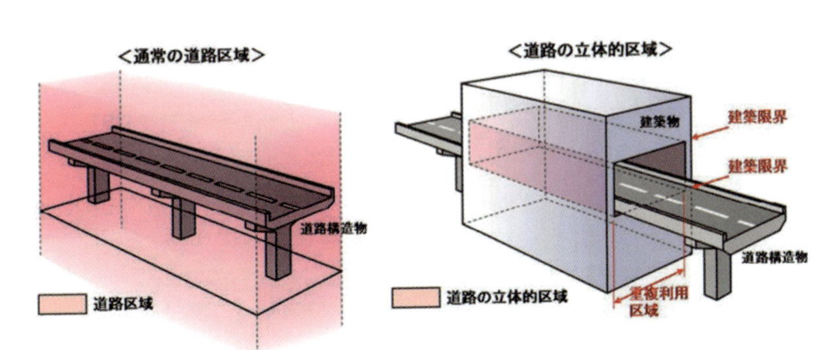

図 5-2　道路の立体的区域のイメージ

出典：国土交通省[1)]

空間の設置がすすんでいる。特に 2020 年代初頭の新型コロナウィルス流行下においてはコロナ占用特例が設けられ、飲食店等の支援するための緊急措置として沿道飲食店等の路上利用の占用許可基準を緩和する特例措置が可能となった。

道路空間の再配分にあたっては、同じ空間を時間帯によって異なる用途で利用するシェアリングの手法が挙げられる。例えば、車の通行量が少ない日中の時間帯を利用して、道路上に滞留空間として活用するオープンカフェの事例が挙げられる。また、路肩や路上の駐車帯を活用し、仮設のベンチや植栽を設置することで滞留空間を創出するパークレットの事例がある。

さらに、人中心の道路空間等の新たなニーズを実現するため、令和 2 年 11 月に「ほこみち（歩行者利便増進道路）」制度が創設され、道

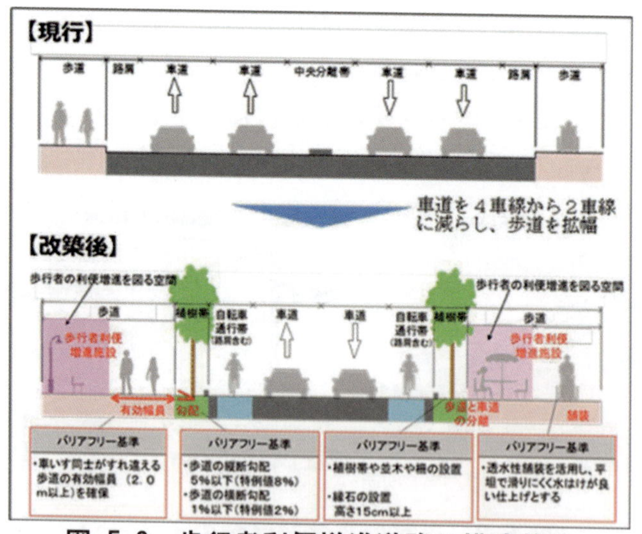

図 5-3　歩行者利便増進道路の構造基準

出典：国土交通省 [2)]

路占用基準の緩和による柔軟な活用が行っている。路肩（カーブサイド）においても、ほこみちと同様に柔軟な利活用が進められており、賑わい施設や休憩施設、緑化等多様な機能を持たせている。

特に、交通アクセス機能をもたせる空間（シェアサイクルスペース・カーシェアリングスペース）や、時間帯別の活用として荷捌きスペースとタクシー乗車場のタイムシェアが行われ、路肩スペースの多機能化を進めている。

（2）複合施設

モビリティハブは複数の交通手段の結節となる拠点であり、多様なモビリティの選択肢を提供することが期待されている。地域の公共交通の停留所に留まらず、シェアサイクルやカーシェア、電動キックボードのような小型のモビリティを含めたシェアモビリティを設置することで、目的地や自宅までのラストワンマイルの移動を促している。これにより、自家用車からの転換による脱炭素化、基幹公共交通の維持促進への貢献が見込まれている。

また、地域公共交通とシェアモビリティの乗換拠点であることから、移動と移動の間の滞留に着目し、交流を促すパブリックスペースとしての機能が期待されている。シェアモビリティの導入や駐車場の設置による交通結節点としての機能のほか、商業施設や休憩施設、まちの情報発信を図るにぎわい創出拠点としての機能、災害時に防災拠点として利用するための機能などを複合的に備え、結節点としてのサービスの質の向上が求められている。

このようにモビリティハブは、「様々な移動手段の利用や乗換が可能で、個人の付加価値を高めつつ社会的な便益を高める場所」と定義することができ、スマートシェアリングシティを実現する重要な政策の一つと理解することができる。従来から道路交通の円滑な「ながれ」

様々な交通モードの接続・乗り換え拠点（モビリティ・ハブ）

図 5-4　モビリティハブのイメージ

出典：国土交通省[3)]

を支え、一般道路上で休憩などに立ち寄れる施設として「道の駅」がある。道の駅は、休憩機能、情報発信機能、地域の連携機能兼ね備えた休憩施設である。道の駅は、2024 年 2 月末時点で、全国に 1,213 駅あり、それ自体が観光の目的地となってきたが、地方創生・観光を加速する拠点として発展している。インバウンド観光、防災拠点、地域センターとして様々な機能を備えた施設となってきている。

（3）宿泊施設

宿泊施設を宿泊用途以外の目的で利用する事例として、宿泊施設の軽症病院化が挙げられる。2020 年代初頭に流行した新型コロナウィルスにより不足した病床に対し、募集に応じた宿泊施設に臨時診療所を併設し初期治療が行われた。軽症者を指定された宿泊施設に入院させ自治体から委託された病院が運営し、患者の健康観察、診療を行うことで、通常の病院の病床は重症者の入院に割り当てることができた。当時はコロナ禍であり、旅行客が大幅に減少しており宿泊需要が低下していたため、宿泊施設を宿泊用途の施設と医療用途の施設に適正に分担することで、遊休化していた宿泊施設を効率的に稼働させることが達成されたといえる。

5-1-3 今後の課題と展望

土地利用分野におけるシェアリングについては、個々の事例において施設や空間を共同利用する取組、モビリティハブや道路空間において様々な交通手段が適正に分担されるための環境整備が図られている。しかし、個々の取組のシェアリングに留まっており、取組同士を横連携し、需要に応じた共有を図るためのシステムの構築が課題である。シェアハウスやシェアオフィスについては、都市全体で利用目的、利用需要に応じた整備が求められるほか、道路空間においては既存の通過交通量に応じて道路空間の再配分を考える必要がある。特に、車道と歩道に挟まれた路肩の空間では、自転車とシェアモビリティの通行位置が重なることから、適正な空間の再配分を行うことが交通安全上求められる。

5-2 物流分野におけるシェアリング技術と政策

本節では、スマートシェアリングシティを実現するために、個人・企業の視点で考える共同利用と、社会の視点で考える適正分担について、物流分野のシェアリングの事例を紹介する。

物流分野の対象には、輸配送に用いられる車両、船舶、航空機が「輸配送手段」としてある。また、複数の顧客の荷物を預かる宅配ボックスが施設としてある。「輸配送手段」外では、車両が走行する道路や鉄道など輸送経路や、物資を乗せ換えたりする物流施設などの「施設」がある。

輸配送手段についてみると、輸配送手段の荷室を共同利用する宅配便、共同輸配送、鉄道貨物、航空貨物がある。また車両の客室と荷室を共同利用する貨客混載、複数の顧客の荷物を預かる宅配ボックスがある。

適正分担の事例として、中継輸送がある。一台の車両を複数のドライバーが交代で運転する方式や、中継地で荷物を積み替える方式、トレーラーなどはシャーシ部分を交換する方式がある。また、荷主と異なる企業が輸配送する特定貨物自動車運送業がある。

5-2-1 物流における共同利用の事例

（1）輸配送手段

輸配送手段を共同利用する事例として、ここでは宅配便、共同輸配送、鉄道貨物、航空貨物、貨客混載を紹介する。

宅配便とは、比較的小さな荷物を住居やオフィスの戸口まで配達す

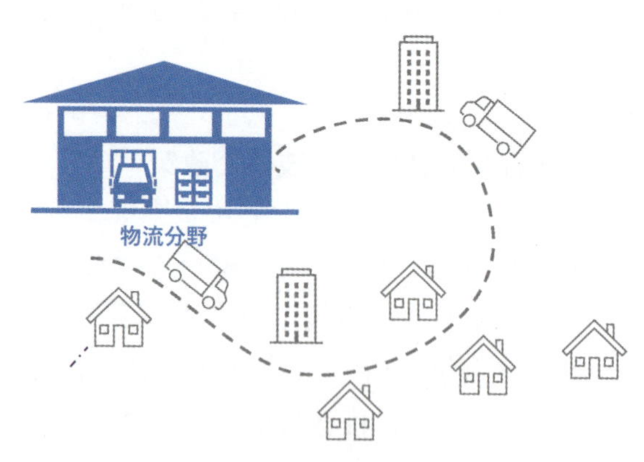

図 5-5　宅配便のイメージ

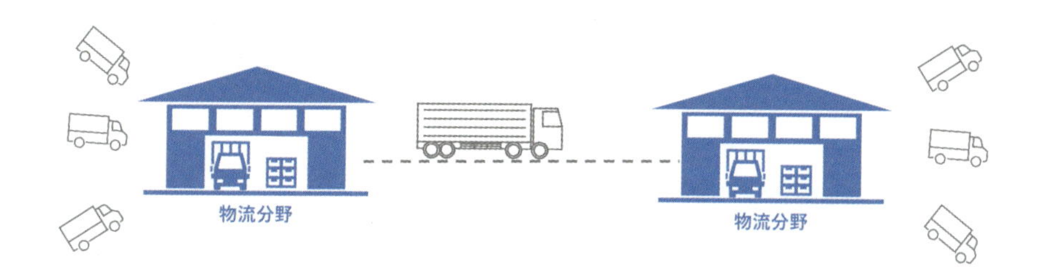

図 5-6　共同輸配送のイメージ

る事業である。宅配便は、複数の利用者（荷主）が、運輸事業者の持つ車両の荷室を共同利用して配達してもらっているといえる。宅配便は、貨物自動車運送事業のうち一般貨物自動車運送事業あるいは貨物自動車運送事業を担う事業者が行うことができる。

次に、複数の荷主が輸送手段を共同で利用する共同輸配送がある。宅配便とは異なり企業間の大きな荷物の輸送である。例えば、ある地域の工場からある地域の工場に輸送している異なる企業があった時、同じ地域間を運ぶのであれば、各社が小さな車両サイズで輸配送するのではなく、車両サイズを大きく共同運行して輸配送する方法である。また、商業施設は、多種多様な商品を扱っているため、各メーカーから配送されてしまうと店舗周辺にたくさんの車両があふれてしまう。そのため、デパートやコンビニなどは荷物を集める物流施設を置いて、そこに納品してもらったものを各店舗からの注文に応じて運ぶ仕組がある。共同輸配送は、宅配便同様に、複数の荷主が、車両の荷室を共同利用してるといえる。

また、鉄道は全国に張り巡らされており、旅客と貨物で鉄道を共同利用しているといえる。なお、鉄道を使った貨物輸送には、車扱輸送

図 5-7 貨客混載のイメージ

とコンテナ輸送がある。車扱輸送は、貨車を一台ずつ荷主が貸し切って荷物を運ぶものである。石油などの液体であればタンク車、砂利などであれば無蓋車など荷物の種類に応じた車両がある。コンテナ輸送は、一台の貨車に一つのコンテナや複数のコンテナを積んで運ぶものである。

航空貨物は、貨物専用の航空機や旅客機の荷室を使う方法がある。貨物専用の航空機で運ぶのはフレイター輸送と呼ばれ、飛行機の胴体部分に貨物を入れて運ぶ手法である。もう一方の旅客機を使った輸送は、小型貨物を対象に旅客機の胴体下部の貨物室に航空機専用コンテナを使って旅客と同時に運ぶ方法でありベリー輸送と呼ばれる。

最後に貨客混載について説明する。人を移動させるための旅客自動車運送事業はタクシーなどの小型車両から路線バスや高速バスなど大型車両がある。これらの車両は旅客数によっては車両のスペースに空きが生じる。これらの空いたスペースを使って貨物を輸配送するのが貨客混載である。都市部から離れた近郊部では道路整備の水準が低く、都市部で印刷された新聞を早朝や夕方にタイムリーに届けることができなかった。そのため、それらの地域では、旅客輸送の電車の客室の一部を区切って、旅客と同時に新聞を輸送していた。関東では房総半島、中部地方では名古屋近郊、三重方面で見ることができた。なお、近年でも各鉄道駅使用する事務用品や広告などを定期運行の電車の客室の一部を使用して輸送（配給）している例が見られる。

図 5-8 JR 東日本内房線：定期運行電車で業務用品輸送の例

（2）荷物の受け取り場所の共同利用

受取人が留守の時に宅配便や郵便物の受け取りを代行する設備として宅配ボックスが挙げられる。宅配ボックスは、戸建て住宅専用のものから、マンションやアパートなどの居住者が利用する居住者限定の宅配ボックス、コンビニや郵便局、店舗などに置いてある宅配ボックスなどがある。これらの宅配ボックスは、複数のスペースを共同利用することで効率的な活用を行っている。また、近年では、受け取りのみならず、そこに預けて出荷もできるタイプの宅配ボックスも出てきている。

オフィスビルや商業施設などは、異なる企業に異なる企業によって荷物が運び込まれている。小口の荷物であれば、異なる事業者によって宅配便として運ばれる。この時、配送している間は駐車スペースを占有し、その時間も届け先の数や、届け先までの距離によって縦持ちや横持時間が長くなり駐車時間も長くなる。これを解消する方法が「建物内共同配送」であり、建物に一か所の荷受け場を設けて、そこで異なる事業者の荷物を受け取り、建物内を特定の事業者が運ぶ方法である。これにより、館内のセキュリティを担保することができる。

5-2-2 物流における適正分担の事例

（1）輸送手段

トラックでの輸送手段の適正分担の事例として中継輸送がある。中継輸送とは、一人のドライバーが行程を全てこなすのではなく、複数のドライバーで分担して運ぶ方法である。方式として、ドライバー交代方式、貨物積み替え方式、トレーラー・トラクター方式がある。ドライバー交代方式は、長距離輸送の場合、一人のドライバーで運ぼうとすると一日の輸送距離が決まっているなど輸送制限が発生する。車両を変えて荷物を乗せ換えたりすると手間が生じるため、荷物の載せ替えせずに、ドライバーだけが交代して運ぶ方法である。貨物積替え方式は、中継地で、荷物を積み替えて、別の車両、ドライバーが運ぶ方法である。また、トレーラー・トラクター方式は、トレーラーのヘッド部分を交換して輸送する方法である。

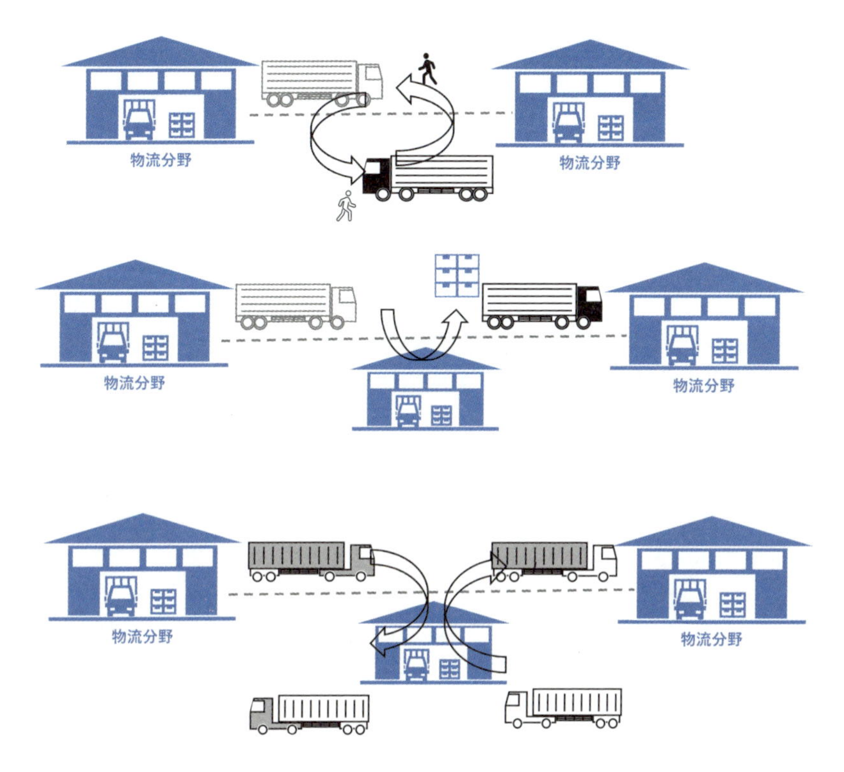

図 5-9　中継輸送のイメージ

安全性や運行効率を高め、ドライバー雇用環境の改善を図るため、高速道路上でトラックの隊列走行の実証実験が行われている。車両に搭載されたセンサーで車間制御、車線維持を行い後続車の隊列走行を行う。また、技術が発展することで自動車線変更など後続車の運転を自動化することができる。そして、最終系は、先頭車だけ有人で、後続車が無人走行する完全自動運転高速無人隊列走行である。

宅配便のビジネスは、収益性の高い都市部と低い地方部のバランスで成り立っている。地方では、山間部など家屋が点在している箇所があり、低頻度かつ長距離の配送をドライバーが行うことは非効率である。そこで、今後活用が期待されているのがドローンである。ドローンは、無人地帯で目視外飛行が可能となるため山間部などの配送で用いられている。ドローンからの荷物の積み下ろしが課題となるが、荷物を機体からおろすための物流用のドローン、ドローンポートなどが開発されている。今後、人口集中地区でも目視外飛行が可能となることで、課題はあるが高層階などの縦持ちに活用することも可能となる。

また、都市内で配送を担う手段として自動配送ロボットがある。自動配送ロボットは、2023 年 4 月 1 日から道路交通法の一部を改正する法律が施行され届出ることで公道を走行することができる。

（2）エリア共同配送

オフィスエリアや商業地などはオフィスや店舗まで直接荷物が運び込まれている。この時、荷物を送る人（発荷主）は、自分が普段利用している宅配便を利用するため、荷物を受け取る人（着荷主）のところに、多様な宅配便の事業者が訪れることとなる。全ての着荷主のところに駐車場があれば良いが、ない場合には、路上駐車をして、そこから横持ちして届けることとなる。オフィスエリアや商業地などではビルに複数の着荷主がいることがあり、その場合には路上駐車している時間も長くなる。これを防ぐために、エリアの中に共同の荷捌き場を設けて、そこに宅配事業者が荷物を預け、エリアの中は専属スタッフが配送するエリア共同配送がある。エリア共同配送を導入することで、複数の宅配事業者がエリア内で荷物を届けることはなくなる。

（3）特定貨物自動車運送事業

特定貨物自動車運送事業とは、単一特定の荷主の需要に応じ、有償で、自動車を使用して貨物を運送する事業であり、荷主の自家輸送を代行する事業である。

5-2-3 今後の課題と展望

共同利用では、輸送手段のスペースを共同利用する貨客混載、受け取り場所の共同利用である宅配ボックスの利用が今後進んでいくと思われる。特に、前述したモビリティハブに組み込むことで人の移動と物流の連携を図ることができる。

また適正分担においては、輸送手段の自動化や高度化が進むと思われる。しかしながら、隊列走行であれば、完全自動隊列走行から離脱する場所でどのようにドライバーと合わせるか、宅配ロボであれば、建物の入口部分の段差、手動扉などをどのよう連携させるかなどが課題となり、これら新たな輸送手段の都市の受け入れ体制の整備が重要となってくる。

5-3 交通分野におけるシェアリング技術と政策

5-3-1 交通におけるエネルギー利用の現状と課題

2015 年に採択されたパリ協定以降、2030 年度の二酸化炭素排出量の削減目的を 2013 年度比で 46%減、2050 年のカーボンニュートラルを達成するため総合的な取組みを進めている。

我が国の二酸化炭素排出量の現状を図 5-10 に示す。二酸化炭素排出量を見ると、2022 年度の二酸化排出量のうち、自動車に起因するものは約 86%を占め、特に約 48%を旅客自動車が占めており、旅客自動車における取組が運輸部門の二酸化炭素排出量に与える影響は大きい。そのため、次世代自動車の普及促進に向け、次世代自動車の購入支援や EV 充電器の購入補助等インフラ整備を図っていくことは喫緊の課題である。

また、日本政府は 2050 年までに温室効果ガスの排出を全体としてゼロにする、カーボンニュートラルを目指すことを宣言しており、実現に向けた取組として、4 つの柱を挙げている [5]。

・道路ネットワークの整備や渋滞対策等により、道路交通の円滑化と生産性の向上を図るとともに、当該道路に求める役割を踏まえた適切な機能分化を推進し、場所に応じた適切な移動により、二酸化炭素の排出量を削減する。

・新たなモビリティ、公共交通、自転車、徒歩等の低炭素な交通手段への転換を進め、二酸化炭素の排出量の削減をする。

・次世代自動車の開発及び普及を促進させるとともに、道路空間における発電・送電・給電・蓄電の取組を推進することで、道路交通のグ

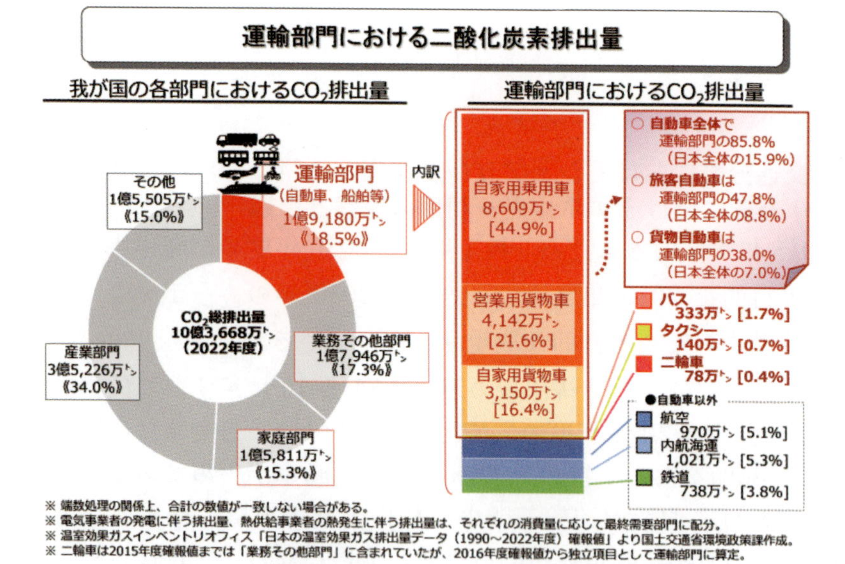

図 5-10　運輸部門における二酸化炭素排出量

出典：国土交通省 [7]

リーンエネルギーへの転換を進め、二酸化炭素排出量を削減する。
・道路の計画・建設・管理等におけるライフサイクル全体で排出される二酸化炭素の排出量を削減する。

5-3-2 交通における共同利用の事例

交通の共同利用については、移動距離に応じた共同利用の手法が挙げられる。移動距離別の移動手段・旅客輸送サービス状況を**図 5-11**に示す。

駅周辺や市街地等の地域内は、従来の自転車のシェアリングに加えて、近年では電動アシスト自転車や、電動キックボードなどのパーソナルモビリティが多く普及し、徒歩や自動車の代替交通を担っている。また、人々が多く滞在するエリアである公園や空港等の拠点内に関しては、シニア世代などをターゲットに電動車いす等の超小型且つ低速なモビリティのシェアリングが普及している。更には、中山間地域等の郊外の地域内においては、グリーンスローモビリティやデマンド交通など、利用者ニーズや地域特性を踏まえた乗合型のモビリティが普及し、従来の路線バスに代わる交通として地域の移動を支えている。

都市間交通に関しては、従来のカーシェアや路線バスに加え、大量輸送に特化したBRTやLRT等の大型のモビリティが全国各地で普及しているほか、陸路以外の新たなモビリティとして空飛ぶクルマの開発が進められている。

道路交通に起因する道路空間の共同利用として、リバーシブルレーンによる交通量に応じた可変型の車線運用が行われているほか、トランジットモールによる自動車交通量を制限し、歩行者と公共交通の共同空間の整備が挙げられる。

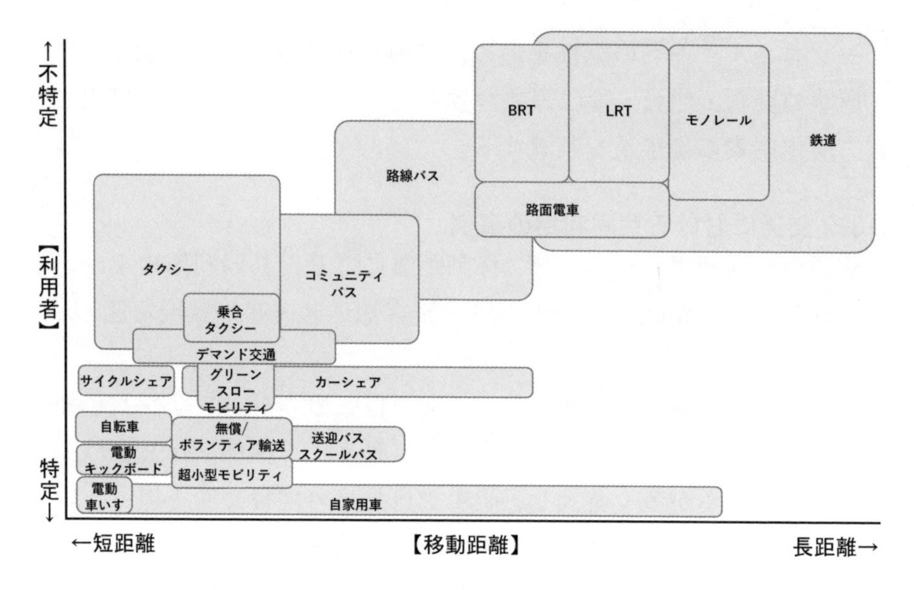

図 5-11　多様な移動手段・旅客輸送サービス

（1）地域内交通

都市の一定のエリア内で、主として短距離の交通サービスを行う地域内交通を対象に、現在注目されている移動手段の現状を紹介する。従来の人力の自転車のシェアリングに加え、「電動アシスト自転車」によるシェアリングが普及しており、OpenStreet㈱や㈱ドコモ・バイクシェア等と連携し全国各地でサービスが展開されている。携帯端末より貸出・返却ができ、設置ポート間での乗り捨て利用が可能である。市街地等の短中距離においては、自動車よりも軽快に走行でき且つ、操作も容易であるため、都心や地方駅周辺でシェアリングサービスが展開されている。

図 5-12　シェアリング用の電動アシスト自転車

さらに2023年7月の道路交通法改正により、「特定小型原付」に該当する電動キックボードが、16歳以上が運転免許不要で利用可能になったことから、㈱Luup や BRJ㈱等と連携し、東京都内を中心にシェアリングサービスが展開されている。2輪もしくは3輪以上のタイヤで、電動式モーターを用いて走行する車両で、狭い路地を軽快に走行でき、操作も容易である。携帯端末より貸出・返却ができ、設置ポート間での乗り捨て利用が可能である。中心市街地における短区間の移動については、徒歩よりも移動速度が優れ且つ、自転車よりもコンパクトであるため、シェアリングのニーズが高い。

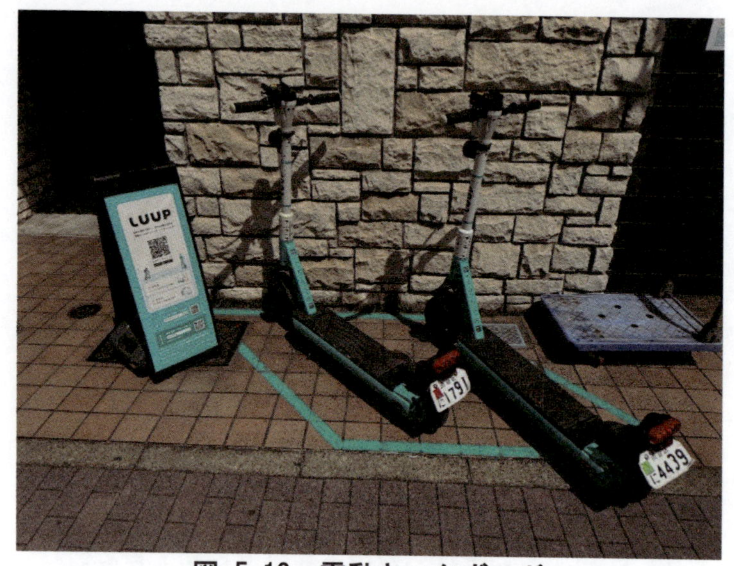

図 5-13　電動キックボード

　また、超小型モビリティのシェアリングも進んでいる。2013 年 1 月より、超小型モビリティの公道走行を可能とする認定制度が創設され、豊田市やさいたま市においてシェアリングが展開されている。自動車よりコンパクトで小回りが利き、地域の手軽な移動の足となる１人～２人乗り程度の電動車両であるため、市部や地域内での手軽な移動方法として注目されており、狭い道路や混雑したエリアでの利用に適している。また、操作が簡単な上、踏み間違いなどの操作ミスが発生しにくいため、高齢者の移動手段としても注目されている。トヨタ車体㈱や日産自動車㈱等で車輛の開発が進められており、家庭用の電源で充電が可能である。

図 5-14　超小型モビリティ

一方で、体力や長距離の歩行に不安があるシニア世代等を対象に、空港や商業施設等の拠点内でシェアリングとして「電動車いす」のシェアリングサービスが展開されている。手元のコントローラーで操作し、前後左右のセンサーより衝突回避を行う。特に、羽田空港や関西空港等においては目的地を登録することで自動走行し、返却時には、電動車いす自ら自動で元の位置に移動することが可能である。また、公園施設等の屋外でもシェアリングサービスが展開されており、広大な敷地内を移動する手段として活用されている。

図 5-15　公園での電動車いすのシェアリング

高齢化社会の進展や脱炭素化への動きを受けて「グリーンスローモビリティ」の推進が進んでいる。これは時速 20km 未満で公道走行可能な電動車を活用した移動サービスであり、乗合タクシーやコミュニティバスよりも小さなエリア内を走行し、高齢化が進む地域での地域内交通の確保や、観光資源となるような新たな観光モビリティの活用が期待される。一般車両では通行が困難な街路でも通行可能なため、デマンド交通やコミュニティバスがアクセス困難な地域の移動をカバーすることが可能である。

図 5-16　グリーンスローモビリティ

従来の定時定路線型で運行されるバスに対して、需要（デマンド）に応じた柔軟な運行形態が普及している。「デマンド交通」とは予約に応じて運行する交通システムであり、運行ルート利用者の需要に合わせ自由な時間・ルートで運行し、乗合い型のサービスである。公共交通機関の運営コスト削減の面で社会的便益が見込めるほか、個人の移動ニーズに合わせた利用が可能であるため、利便性向上に期待できる。また、配車の際には、複数の出発地と目的地から最適な経路選択を行うため、AI 技術をもとに最適な組合せや移動経路を選択している。

図 5-17　デマンド交通

また「コミュニティバス」の導入事例も増えている。これは交通空白地域・不便地域における地域住民の移動手段を確保するため、地方自治体や地域住民等が主体的に計画・運営する乗合いバスである。地域内の住宅地や集落と鉄道駅や公共施設、病院などの施設を結ぶ生活路線や、観光拠点を循環する路線など、さまざまな活用が行われている。デマンド交通と比べ、利用者のニーズに応じた経路選択は行えないものの、路線バスと比べ地域の実情に即した運行を行っているため経済性に優れる。

（2）都市内交通

都市内の交通サービスにおいてもシェアリングが増えている。

まずは、登録会員間で自動車を共同利用する「カーシェア」のサービスである。企業が自動車を保有し、利用したい個人に対して使用時間と距離に応じた料金で自動車を貸し出すことで、個人の経済的負担の軽減や、自動車製造工程による環境への負荷軽減、自動車の稼働時間向上等の効果が見込める。タイムズ24㈱やオリックス㈱等が全国各地でサービスを展開しており、窓口での貸し出しや駐車場から予約した利用者への貸し出しサービスを展開している。

一方で、公共交通においても新しい交通システムの導入が進んでいる。たとえば、快速バスシステム（BRT）もその一つである。これはバスを基盤とした交通システムで、速達性、定時性、輸送能力に優れ、相対的に低コストで高品質で安全な移動サービスである。バス専用道路を導入することで、目的地までの所要時間を短縮し、他の自動車交通との渋滞による遅延を回避する他、最大130人が乗車可能な連節バスによる大量輸送が可能である。軌道等の設備が必要なく路面上が走行であるため、経済性に優れ全国各地で注目を集めている。

図 5-18　TOKYO　BRT

次に紹介するのはまだ我が国には導入事例が２つしかないが、世界的に導入が進んでいる次世代型路面電車（LRT）である。低床式車両の活用や軌道・電停の改良による乗降の容易性、定時性、速達性、快適性などの面で優れた特徴を有する軌道系交通システムである。バスと比べ二酸化炭素の排出がなく、環境負荷が少ない輸送システムであり、自動車交通の転換により道路交通の円滑化を図ることができるほか、軌道上を走行するため、自動車等の渋滞による影響も回避が可能である。また、LRT の導入を契機とした、道路空間の再編やトランジットモール導入による中心市街地の活性化、都市の魅力向上等の効果が期待できる。

図 5-19　宇都宮ライトレール

また、路面電車や路線バスに代わる近距離交通手段として誕生したのが「モノレール」である。1964年に日本初の本格的な交通機関として東京モノレールが開業した。これは1本の軌条により跨り或いは懸垂して移動する交通システムである。都市交通として東京や大阪をはじめ日本の各地で導入されている。軌道の高架化が容易であり、道路空間を3次元的な活用が可能である。現在、多摩都市モノレールや大阪モノレール等で路線の延伸事業が進められている。

将来的な交通手段としては、「空飛ぶクルマ」の活用も期待されている。これは、電動の複数のプロペラや自動制御自動制御システム等により、垂直離着陸して飛行するモビリティであり、新たなモビリティとして世界各国で機体の開発が行われている。我が国においても都市部の送迎や離島・山間部での移動手段、災害の救急搬送等の活用を期待し開発が進められている。現在、㈱SkyDriveが各企業と連携し、最大3名搭乗可能な機体の開発しており、地域の移動手段の1つとして機体の共同利用が望まれる。

図 5-20　空飛ぶクルマ

（3）道路空間

道路空間を需要に応じて賢くシェアリングしている事例としては、「リバーシブルレーン」がある。これは、3車線以上の道路において渋滞緩和のために中央線の位置を時間帯によってずらし、交通量が特に多い方向の車線を特定の時間帯のみ増やす交通規制のことを示す。わが国においては、可変標識板又は道路鋲等の設備により運用を行っている。アメリカやオーストラリア等においては、防護柵切替用車両（BTM：Barrier Transfer Machine）を用いてコンクリート製防護ブロックの中央分離帯を移動させる方式も運用しており、日本国内においても高速道路等の工事車線規制で運用を行っている。

都心部の道路空間の再編事例として有名なのは「トランジットモール」である。これは、都心部の商業地等において、自動車の通行を制限し歩行者と公共交通機関とによる空間を創出し、歩行者の安全性の向上、都心商業地の魅力向上などを図る歩行者空間である。中心市街地の活性化を図るには、中心市街地の魅力を高めるだけでなく、公共交通機関等による来街者のアクセス利便性を向上させ、賑わいを創出していくことが必要である。例えば、賑わいのあるメインストリート等に、歩行者と LRT のみが通る新たな空間を整備することで、賑わいの創出と中心市街地へのアクセス向上を図るうえで有効な施策である。

欧米諸国では、LRT の導入に併せ、トランジットモールの整備が進められており、都市の魅力向上や中心市街地の活性化に大きな効果を挙げている。国内においても、石川県金沢市や沖縄県那覇市などでバスによるトランジットモールを導入しているほか、福井市や岐阜市においては、路面電車によるトランジットモールの社会実験が実施されている。

5-3-3 交通における適正分担の事例

交通の適正分担として、ICT や AI 技術など新たな技術を活用し、リアルタイムの交通状況を反映した交通システムを構築し、個人の移動手段の最適化を図ることで、交通手段の分散を図り、渋滞等による社会的損益を回避することが重要である。

例えば、MaaS にみられるように、複数の移動サービスを 1 つのプラットフォームに統合することで、公共交通全体のサービス向上を図ることができれば、社会的便益の向上とともに個人の利便性向上が見込める。また、自動車交通に関しては、1 つの路線へ交通が集中することを避けるため、ETC2.0 を活用し、ドライバーに対してカーナビ等で迂回誘導を促すことで、道路ネットワーク全体の速度向上が見込めるとともに、渋滞損失による社会的損失を回避することができる。

（1）地域内交通と都市間交通の連携技術

MaaS（Mobility as a Service）は、異なる交通手段及びサービスをひとつのプラットフォームに統合し、利用者に対し最適な移動手段を提案するサービスである。複数の交通モードを統合しているため、利用者は交通手段の選択肢が広がり、最適な移動手段を選ぶことが可能である。さらに、利用者の予算やニーズに合わせた移動手段の提案も可能であり、柔軟な移動手段を選択できる。また、交通事業者間の運行データ等を連携することで、運賃や運行情報の共有が円滑に行われ、適切な分担が可能である。さらに、MaaS を通じて得られる移動データをもとに、都市データプラットフォームを整備することで都市計画においても、その効果が波及する。

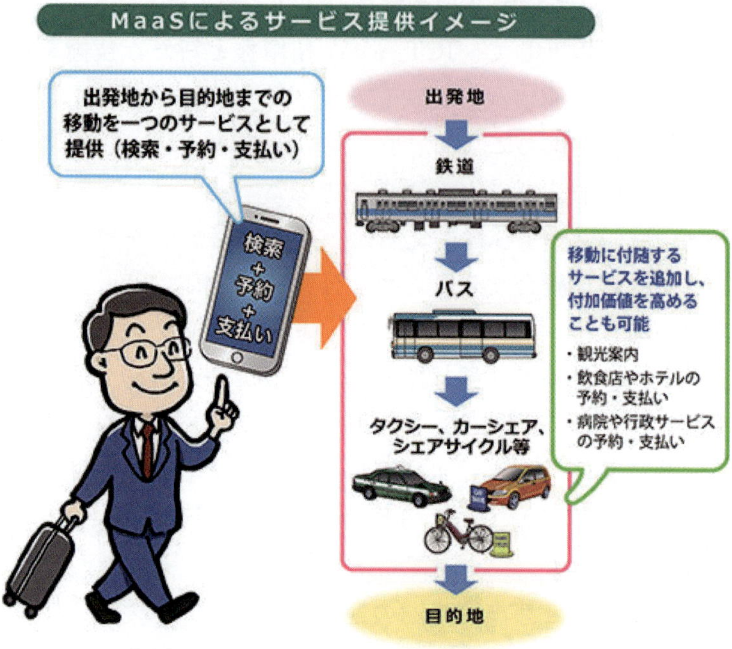

図 5-21　MaaS サービスのイメージ

出典：政府広報オンライン[6)]

（2）道路空間の適正分担

道路空間の適正分担を可能にする技術として ETC2.0 がある。ETC2.0 は高速大容量の通信方式により、全国にある ITS スポットと双方向通信することで、従来の料金収受の自動化に加え、リアルタイムの渋滞情報をもとに、迂回ルートの表示、有料道路の料金割引サービスなど、多彩な情報サービスの提供が可能である。ドライバーの運転支援と道路交通システムの効率化を目指し、渋滞や交通事故の削減、物流効率の向上、沿道環境の改善などに寄与していく。

5-3-4 今後の課題と展望

世界的な脱炭素化が進む中で、自動車のEV化とともに小型電動モビリティをはじめとする様々なモビリティの活用により、各利用者の目的・ニーズに合わせた移動手段を選択できる環境を整備することが必要である。従来の個人所有している自家用車による移動から、シェアリングサービスによるモビリティへの転換により、各モビリティの稼働時間を高めつつ、移動プラットフォームによるシームレスな移動手段の選択により、利用者の利便性向上を図っていく。

また、現在開発が進められている自動運転技術については、レベル4〜5の実装によりドライバーの安全性や利便性が向上するとともに、無人運転下における自動配車等のサービスが実現することで、シェアリングサービスの利便性向上が見込める。MaaSについてもMaaF（Mobility as a Feature）などの第2世代の移動プラットフォームの開発により、モビリティサービスの拡張が望めるとともに、他分野と連携したサービスの展開が期待できる。今後は、社会的便益の向上を図るため、地域の実情に合わせたモビリティの展開とともに、企業・個人ニーズに即したモビリティサービスの運用が重要である。

5-4 スマートシェアリングシティにおけるエネルギー

5-4-1 都市におけるエネルギー利用の現状と課題

2011年東日本大震災後の「計画停電」、2018年9月の北海道胆振東部地震による「ブラックアウト」（図 5-22、図 5-23）、2019年9月の千葉県房総半島における台風15号による発・送配電設備等への被害による長期間の大規模停電の発生（図 5-24）などにより、安定供給確保のための電力インフラのレジリエンス強化の重要性が認識され続けている。

現状の電力インフラは、大規模かつ集中型であり、系統電源に依存しており、地震や台風等の自然災害による電力設備への被害により系統からの電力遮断が起きると広範囲にわたる停電が長期間発生するという脆弱性がある。

このため、レジリエンス強化の方策として、地域に存在する再生可能エネルギー等を一定規模の地域で面的に活用し、地域でシェアリングすることにより、特に災害時における電力供給を確保することが期待されている。

なお、ここで述べるエネルギーシェアリングの位置づけは、利用者サイド、つまり需要者側におけるシェアリングについて述べるものであり、供給者サイドからの、「火力発電、水力発電、原子力発電、再生可能エネルギーによる発電をバランスよく組み合わせ、それぞれの特徴を最大限に活用し、電力の安定供給に資する」いわゆる「エネルギーミックス（電源構成）」ではないことをあらかじめ述べておく。

図 5-22　北海道におけるブラックアウトの状況(1)（2018 年 9 月）

出典：総務省[8)]

図 5-23　北海道におけるブラックアウトの状況(2)（2018 年 9 月）

出典：札幌市[9)]

図 5-24 千葉県における台風 15 号被害状況（2019 年 9 月）

出典：経済産業省資源エネルギー庁[10)]

5-4-2 エネルギーにおける共同利用の事例

（1）農地と発電／ソーラー・シェアリング（営農型太陽光発電）

ソーラー・シェアリングとは、図 5-25 のように農地に支柱等を立てて、その上部に設置した太陽光パネルを使って日射量を調節し、太陽光を農業生産と発電とで共有する取り組みである。農林水産省はこれまで農地への太陽光発電設備等の設置は、支柱の基礎部分が「農地転用」にあたるとして認めてこなかったが、農業の適切な継続を前提にこれを「一時転用」として認めることとし、2013 年 3 月に「支柱を立てて営農を継続する太陽光発電設備等についての農地転用許可制度上の取扱いについて」を公表した。これによりソーラー・シェアリングが可能となった。

営農を続けながら農地の上部空間を有効活用することにより電気を得ることができるので、農業経営をサポートするというメリットがある。さらに、増加する荒廃農地の再生利用という観点でも期待されている。農林水産省においても、ソーラー・シェアリングを円滑に取り組むための手引きとして「営農型太陽光発電取組支援ガイドブック」（2022 年 8 月）を発行している。なお、**図 5-26** に示すように 2021 年度時点で、日本国内において 4,349 件、1,007.4ha のソーラー・シェアリングの導入実績があり、導入が始まった 2013 年度と比較して、件数で 430%近い増加となっている。

図 5-25　ソーラー・シェアリングの例

出典：農林水産省 [11)]

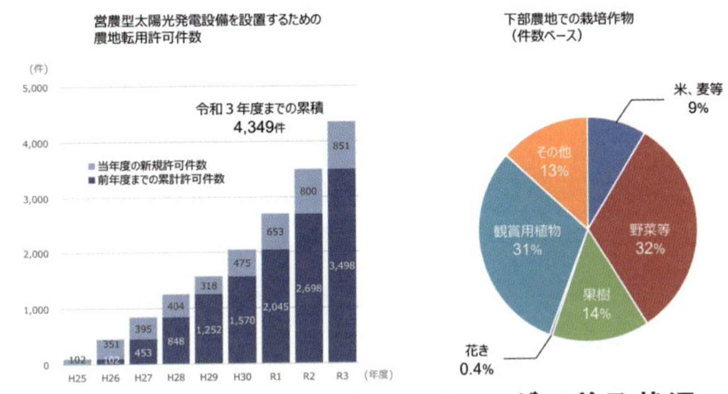

図 5-26　ソーラー・シェアリングの普及状況

出典：農林水産省[12)]

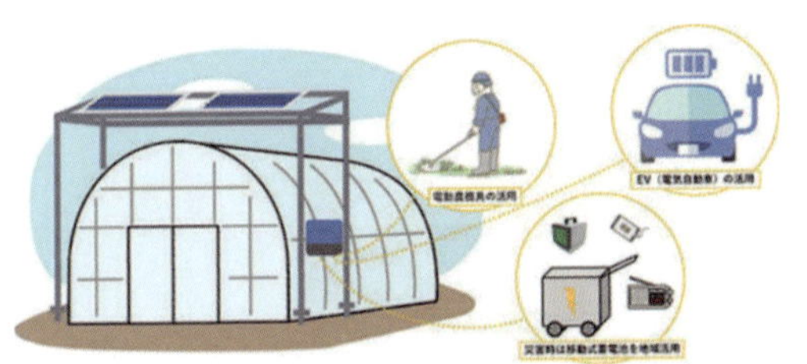

図 5-27　ソーラー・シェアリングとEVとの組合せ

出典：内閣官房（千葉エコ・エネルギー株式会社）[13)]

（2）ソーラー・シェアリングと小型EV

ソーラー・シェアリングと小型EVとの組合せにより、再エネの活用だけでなく、災害時に移動手段の確保や非常時の電力供給などに利活用できる農村エリアでのBCP対策となるモデル事業が千葉エコ・エネルギーの実証試験として行われている。

この事業は、**図 5-27**のように、ビニールハウスに太陽光発電設備を設置し、平時においては、発電した電力は移動式蓄電池などに蓄電し電動農機具などで活用するとともにEVへの充電（人の移動、農産物の輸送、除草管理など農作業を中心）に活用することが可能である。

（3）エネルギー源の共同利用の事例

発電するエネルギー源には、例えば、水と地熱がある。

「水」の利用に関しては、発電をするためには大量の水が必要でありダムが使われる。発電を目的としたダムは「発電用ダム」と言われる。

発電以外のダムの役割として①洪水防御、②水道用水、③工業用水、④かんがい用水、⑤流水の正常な機能の維持（川の動植物が生息するのに必要な水をダムから放流）の５つがある。洪水防御を目的とするダムは「治水ダム」、水道用水、工業用水、かんがい用水など利水を目的とするダムは「利水ダム」と呼ばれ、１つのダムで複数の目的をもつダムを「多目的ダム」と呼ばれる（図 5-28)。

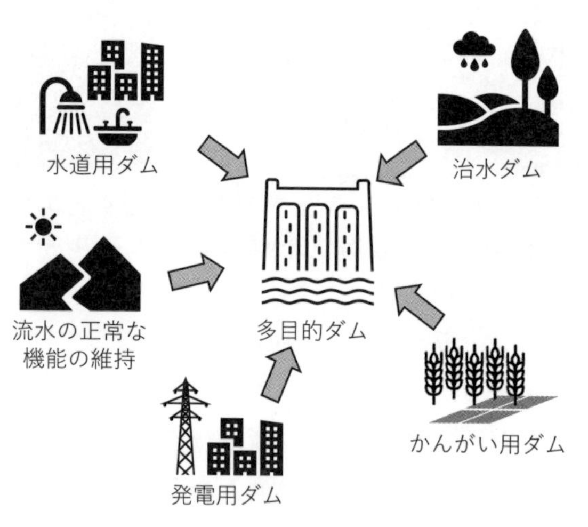

図 5-28　ダムの利用 14)を参考に作成

また、「熱」の利用に関しては、火山や天然の噴気孔がある地熱地帯と呼ばれる地域では、比較的浅いところにあるマグマ溜りの熱で、地中に浸透した天水など過熱されて蒸気が地熱貯留層を貯まって発電に使われる。

発電以外には、①熱交換（蒸気や高温の水から温度の低い水などへ熱を移動させる)、②ヒートポンプ(電気を使って温度の低い温泉や排湯などから熱を回収し、高効率でより温度の高い温水を作る)、③コジェネレーション（温泉付随可燃性天然ガスを利用して発電と発電の際に発生する熱を利用して温水を作る)、④熱供給(温水を1箇所でまとめて作り、利用者（周辺施設）へ供給する、⑤集中配湯（温泉を集中管理し利用者(周辺施設）へ配湯する)、⑥その他多様な活用(融雪、エビの養殖、ビニールハウス）の6つがある。

土湯温泉（福島県）では、「発電」以外に「エビの養殖・融雪」、「集中配湯」が地熱によって行われている。温泉の蒸気と熱水を利用しバイナリー発電装置により発電している。そして、発電所から約 3km 離れた池より湧水を引込み、バイナリー発電装置の冷却水として利用および温水化された水を造成塔およびエビの養殖水槽へ供給に加えて、展望デッキへの融雪に利用している。発電使用後の温泉は集中管理方式により温泉組合員へ配湯している。

図 5-29 に土湯温泉における地熱利用の例を示す。

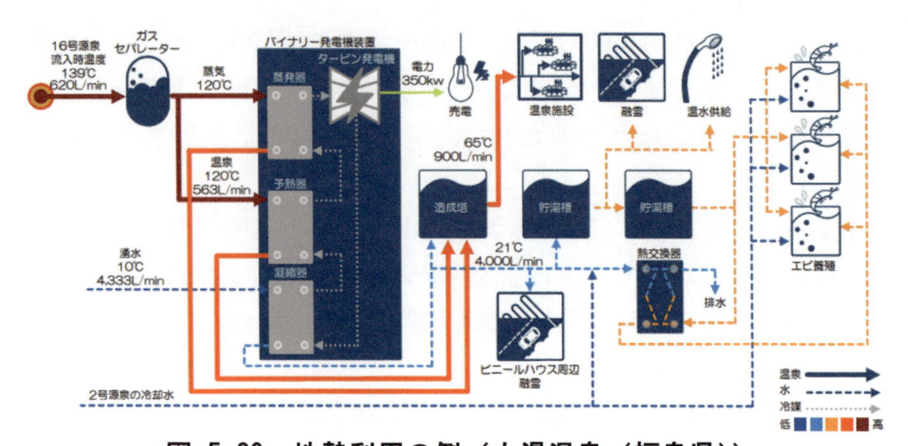

図 5-29　地熱利用の例（土湯温泉（福島県））

出典：「温泉熱利用事例集（環境省）」[15)]

5-4-3 エネルギーにおける適正分担の事例

（1）地域マイクログリッド

地域マイクログリッドとは、発電設備と消費地を一定の範囲でまとめて、電力を地産地消する仕組みのことであり、発電設備としては、主には太陽光や風力など再生可能エネルギーが利用される[16)]。

平常時は地域の再生可能エネルギー電源を有効活用しながら、電力会社等と連系している送配電ネットワークを通じて電力供給を受け（系統電源)、一方では、災害等の非常時には電力会社の送配電ネットワークから切り離され、その地域内の再生可能エネルギー電源や畜電池などとの組合せにより、自立的に電力供給が可能なグリッドのことである。

この取り組みにより、大規模な系統連系設備が不要となることにより、災害などの非常時において系統電源が遮断された場合等においても、当該地域への電力供給が可能となる。さらには、太陽光などの再生可能エネルギーにより地域でつくられた電力を同じ地域内で消費する、いわゆる「地産地消」が実現し、カーボンニュートラルへの貢献にも大いに期待されている。

現在日本各地で平常時は自家消費やピーク時カットとして電力を活用し、災害等の非常時には自立して地域に電力を供給できる地域マイクログリッド事業や実証試験等が実施されている。

小田原市では、2020年度経済産業省「地域の系統線を活用したエネルギー面的利用事業費補助金（地域マイクログリッド構築事業）」に採択され、京セラを事業主体とし、REXEV・湘南電力・A.L.I. Technologiesと連携して、小田原こどもの森公園「わんぱくらんど」内に太陽光発電設備（50kW）、リチウムイオン蓄電池（1580kWh）、調整力ユニット、EV充放電設備を設置し、既存の配電線を活用することで、送配電線を新たに敷設しない地域マイクログリッドの実証試験を実施している。既設の配電線の活用により地域マイクログリッド構築費用の大幅低減が可能となっている。

このシステムでは、**図 5-30**に示すように、平常時においては、太陽光発電の電力をEVカーシェアリングと分散型サーバーへ供給するとともに、余剰電力は大型蓄電池に蓄電する。一方で、非常時での系統電源遮断時には、マイクログリッドを発動し、電力供給源を蓄電池に切り替え、園内設備に電力を供給し、一部のEVはエリア内の避難所等に派遣し、非常用電源として利用できる仕組みとなっており、3日間程度供給可能と見込まれている。

構築された地域マイクログリッドの発動・運用を想定し、2022年5月に実際に地域マイクログリッドエリアの一時的な解列、既存の配電網を活用した自律運用、および系統への再接続の一連のフローに係る非常時発動訓練が実施されている。

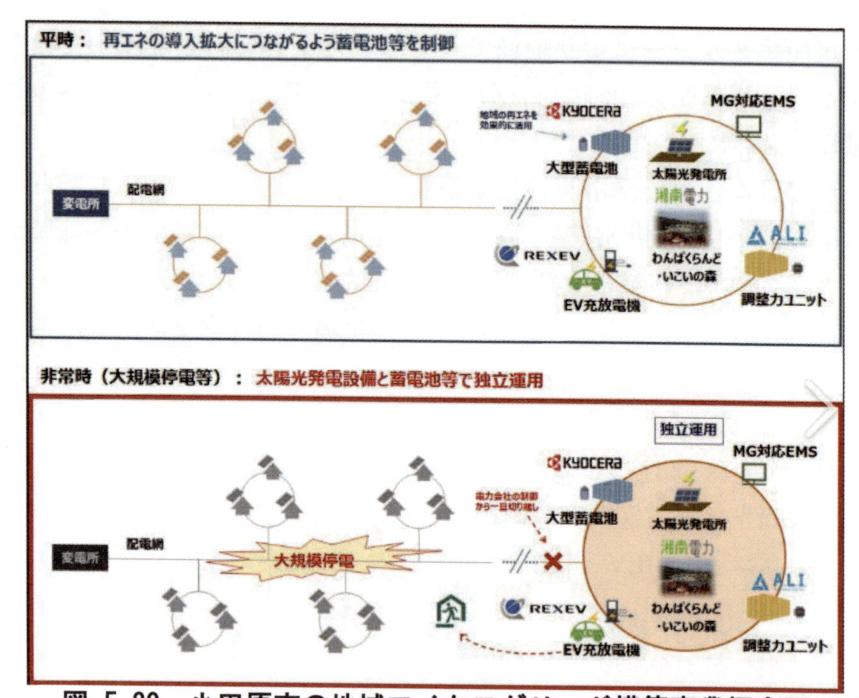

図 5-30　小田原市の地域マイクログリッド構築事業概念図

出典：小田原市[17]

この小田原市における地域マイクログリッド実証試験は、実用化を前提としており、解列等の諸々の実証検証を得て、課題をクリアした上で、今後はこれらをモデルケースとして、小田原市内だけでなく、将来的には、日本全国に面的に広げていくことが必要かつ不可欠であると考える。

北海道においては、2018 年 9 月ブラックアウト（全電源喪失）の教訓から、松前町（風力発電と蓄電池）、石狩市厚田（太陽光発電、水素と蓄電池）、釧路市阿寒町（バイオガス発電、太陽光発電と蓄電池）、秩父別町（太陽光発電と蓄電池）などにおいて地域マイクログリッド

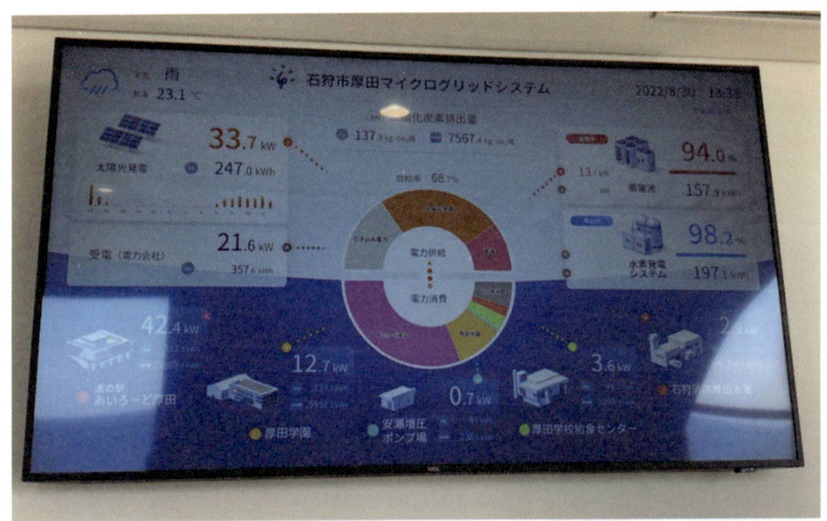

図 5-31　北海道釧路市厚田におけるマイクログリッド事業の例
（道の駅に設置してあるモニターパネル）

事業が最近活発に行われている。

図 5-31 に、石狩市厚田におけるマイクログリッドの事例（マイクルグリッドシステムのモニターパネル）を示す。

（２）EV を蓄電池として利活用

EV や蓄電池、太陽光発電システムなどを各家庭の電気系統に設置し、V2H (Vehicle to Home)機器を活用することで、EV・PHEV に充電した電力を住宅で使用することが可能になる（**図 5-32**)。

自宅の太陽光パネルから充電した電力を活用することで、基本的な家庭での電力需要をまかなうことが可能になり、電気を最適に利用することができる。

また、災害などにより、系統電源が停電した場合でも、太陽光発電

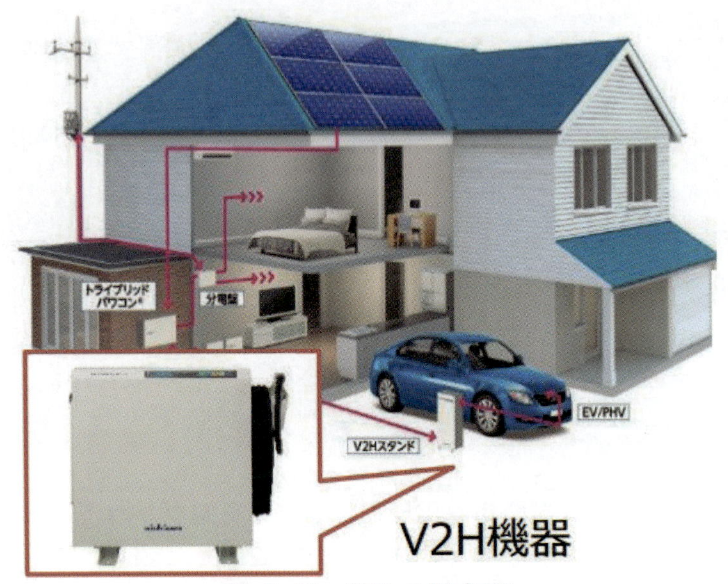

図 5-32　V2H の概念図

出典：経済産業省 [18)]

と蓄電池・EV からの給電により、停電時も継続して電気を利用可能で、非常用電源としてレジリエンスを高めることができる。一般的な EV で、一般家庭（平均的な消費電力 12kWh）の約 3 日分の非常用電力を確保可能と言われている。

さらには、EV を共同住宅等の入居者全体でカーシェア利用することにより、EV の利用頻度を向上させつつ、稼働状況に応じて必要な充電・放電量やタイミングよく実施することも可能となる。

また、EV を活用して、ビルの電力需要が多い時間帯には EV 蓄電池から放電を行うことで、系統から購入する電力量の削減を図ることが可能となる。これは V2B（Vehicle to Building）と呼ばれる。電力使

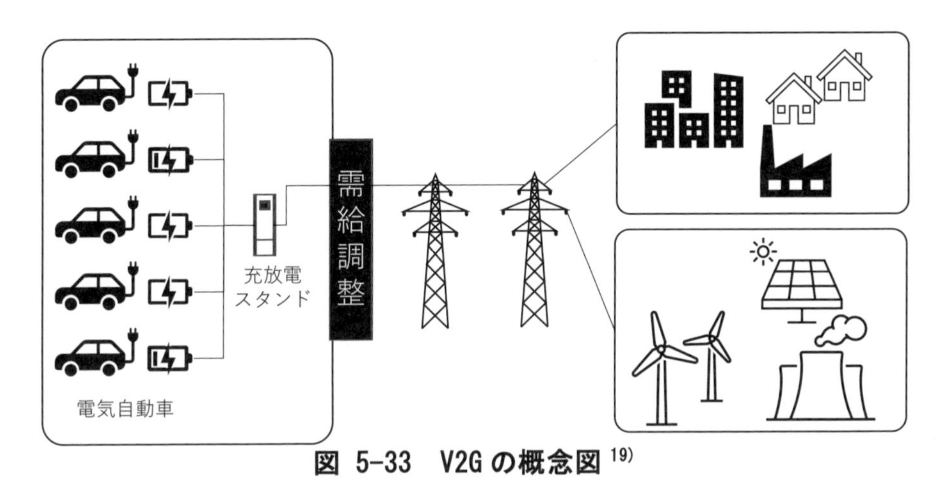

図 5-33 V2G の概念図 [19)]

用量が少ない深夜などの時間帯に EV に充電を行い、ビルの最大需要電力を削減することが可能な技術であり、非常用電源としての活用にも期待されている。

EV と系統の間で電力を融通する技術は V2G（Vehicle to Grid）と呼ばれ、需給が逼迫する時間帯には放電、再エネ発電が多い時間帯には充電を行い、再エネ電源の調整力となり、系統安定化に貢献できる。これにより、再生可能エネルギーの普及拡大など、電力系統の柔軟な運用に貢献できると考えられている（図 5-33）。

5-4-4 今後の課題と展望

（1）ソーラー・シェアリング

農業人口の高齢化や後継者不足、耕作放棄地の増加等の問題に対して、安定した売電収入が得られることによる収入の増加や後継者の確保、耕作放棄地の解消等での成果が期待できる。さらには、「地産地消」の電源としての利用も可能となる。

ソーラー・シェアリングにおける課題としては、田畑の中に架台や支柱を設置し、太陽光パネルや付帯する電気設備など設置やメンテナンスが必要となるため、多額の費用が必要になるため、融資を受ける事業となることが多く、資金面での課題がある。

さらに、農作業で農機を使用する場合など、田畑の中の架台や支柱が障害物となり、作業効率が悪くなることなどの課題がある。

また、農地で太陽光発電を行う条件として、20年間の農業継続が義務付けられているため、耕作者が耕作できなくなった場合に代替者を確保するが必要があり、事業としての「継続性」に関する課題もある。

（2）EVの利活用

経済産業省は2030年までにV2Hシステムを急速充電器とともに3万台設置を目指すと発表している。

V2Hにより家庭において常時は太陽光発電等との組合せにより、その多くを自前での電力供給が可能となり、災害時等においては非常用電源としての利用も可能となることから、今後EVの普及とともに、V2Hも増加していくものと考えられる。

このことは、V2Bにおいても同様のことが言える。ちなみに、一般的なEVで一般家庭（平均的な消費電力12kWh）の約3日分の非常用電力を確保可能である。

また、V2Gは、やや将来的ではあるが、再エネ電源の調整力となり得るため、系統の安定化に寄与することができ、再エネ電源の普及促進にも貢献できるものと考えられており、期待は大きい。

（3）地域マイクログリッド

地域マイクログリッドは、非常時には、地域の特徴を踏まえた多様な太陽光発電や風力発電などの再生可能エネルギーなどと蓄電池との組合せにより、災害などにより、系統からの電力供給が途絶えた場合において、非常時のエネルギー供給におけるレジリエンスを強化する効果が見込まれる。

次に、太陽光発電や風力発電等の再生可能エネルギーにより地域でつくられた電力を同じ地域内で消費することにより、「地産地消」が実現するとともに、カーボンニュートラルへの貢献にも大いに期待されており、需要地の近くで発電することにより、中長距離の送電が不要になるため、送電ロスを低減することが可能となる。

さらに、地域マイクログリッドの構築により、地域において新しい産業が生まれる可能性や新たな観光資源としての活用できるとともに、まちづくりを一体化して取組むことで、地域の活性化につながることにも期待されている。

一方、地域マイクログリッドの課題としては、第一には、地域により構築の難易度が異なることである。具体的には、都市部では電力需要が密集し、郊外に比べると送配電ネットワークが密であるため、地域マイクログリッドの構築が複雑になる傾向がある。他方、郊外や山間部においては、対象エリアが送配電系統の末端にあることが多く、非常時に送配電系統からの遮断点が少ないため、都市部と比べてマイクログリッドを構築し易く、実現の可能性が高いと考えられている。さらに離島においては、郊外部と同様の理由と、さらに、島内では元々独立した電源系統を有していることが多いため、島全体をマイクログリッド化することも可能と考えられる。

次に、マイクログリッド構築には、多大なコストが必要となることから、事業としての収益性を確保する必要がある。そのためには、健全な事業主体が必要となり、民間事業者等の参入が必要不可欠と考えられることから、国や自治体からの補助金制度等を充実にさせることなどにより、マイクログリッドを事業として定着させることが必要であると考えられる。

さらには、マイクログリッド事業を行うためには自治体や地域の関係者との協力が必要である。地域との密接な関係が重要となり、まちづくりとも相まって地域の活性化に繋げるチャンスでもある。推進には自治体や地域の関係者、地元住民との合意形成が必要不可欠となるものと考えられる。

参考文献

1) 国土交通省　立体道路事例集（最終閲覧日：2024.10.1）
https://www.mlit.go.jp/common/001128578.pdf
2) 国土交通省　歩行者利便増進道路（ほこみち）（最終閲覧日：2024.10.1）
https://www.mlit.go.jp/road/hokomichi/index.html
3) 国土交通省 「多様なニーズに応える道路空間」のあり方に関する検討会
https://www.mlit.go.jp/road/ir/ir-council/diverse_needs/index.html
4) 国土交通省 「2040 年、道路の景色が変わる」（2020 年 6 月）
https://www.mlit.go.jp/road/vision/（最終閲覧日：2024.10.1）
5) 国土交通省 「カーボンニュートラル推進戦略　中間とりまとめ」（2023 年 9 月）
https://www.mlit.go.jp/report/press/road01_hh_001698.html
6) 政府広報オンライン　「移動」の概念が変わる？　新たな移動サービス「MaaS（マース）」（最終閲覧日：2024.10.1）
https://www.gov-online.go.jp/useful/article/201912/1.html
7) 国土交通省　運輸部門における二酸化炭素排出量　（最終閲覧日：2024.10.1）
https://www.mlit.go.jp/sogoseisaku/environment/sosei_environment_tk_000007.html

8）経済産業省資源エネルギー庁　（最終閲覧日：2024.10.1）
https://www.enecho.meti.go.jp/about/special/johoteikyo/blackout.html
9）北海道開発局　（最終閲覧日：2024.10.1）
https://www.hkd.mlit.go.jp/ky/ki/kouhou/70th/history/03-22.html
10）経済産業省資源エネルギー庁（最終閲覧日：2024.10.1）
https://www.meti.go.jp/shingikai/enecho/denryoku_gas/denryoku_gas/resilience_wg/pdf/005_04_00.pdf
11）農林水産省　（最終閲覧日：2024.10.1）
https://www.maff.go.jp/j/shokusan/renewable/energy/einou.html
12）農林水産省　「営農型太陽光発電取組支援ガイドブック」（2022 年 8 月　農林水産省）
https://www.maff.go.jp/j/shokusan/renewable/energy/attach/pdf/einou-30.pdf
13）内閣府　（千葉エコ・エネルギー株式会社）（最終閲覧日：2024.10.1）
https://www.cas.go.jp/jp/seisaku/datsutanso/hearing_dai1/siryou2-5.pdf
14）香川県　（最終閲覧日：2024.10.1）
https://www.pref.kagawa.lg.jp/kasensabo/dam/kabagawa/kiso/ippan01.html
15）環境省　「温泉熱利用事例集（環境省）」（最終閲覧日：2024.10.1）
https://www.env.go.jp/content/900513179.pdf
16）経済産業省エネルギー庁「地域マイクログリッド構築の手引き」（2021 年 4 月 16 日）
17）小田原市　（最終閲覧日：2024.10.1）
https://www.city.odawara.kanagawa.jp/field/envi/energy/rmg/p31682.html
18）経済産業省　「次世代の分散型電力システムに関する検討会」
https://www.meti.go.jp/shingikai/energy_environment/jisedai_bunsan/pdf/002_05_00.pdf　（最終閲覧日：2024.10.1）
19）スマートグリッドフォーラム
https://sgforum.impress.co.jp/news/4493　（最終閲覧日：2024.10.1）

第6章　スマートシェアリングシティの実現方策

6-1 スマートシェアリングシティの手法

6-1-1 手法の種類（整備・規制・誘導）

スマートシェアリングシティの手法を大別すると、「整備」、「規制」、「誘導」に分類することができる。このとき、整備とは共同利用の推進や適正分担の形成に必要なインフラ整備や ICT 環境の整備などを示す。規制とは、多様性を阻害する過度な共同利用を抑制したり、適正な分担状態を形成したりするための各種規制である。誘導とは、共同利用を促進したり、適正な分担状態を形成したりするための規制緩和や情報提供、あるいは環境変更である。

共同利用（shared use）は、近年の技術革新と相まって、シェアリング・エコノミーの分野において、民間部門が主導して「整備」が進められている。しかし、過度なシェアリングの推進は、4 章で述べたように、社会全体の損失を生む可能性があるため、これらが発生しないように公共部門が「規制」をしつつ、シェアリングを賢く設計・デザインしていく必要がある。あるいは、民間部門は、都市全体に均一にサービスを提供するのではなく、人口密度に合わせてサービスレベルを調整することも必要である。

また、合理的な選択がなされていないような場合には、適切な情報提供や望ましい行動をとれるよう後押しするアプローチ（ナッジ）を活用しつつ、適切に「誘導」していくことが求められる。

適正分担（shared state）は、経済学におけるパレート効率の観点やフリーライダーの観点から、市場原理だけでは実現できないものも多い。たとえば、気候変動への対応のためのエネルギーミックスは、東日本大震災後の安全性重視から、国連気候変動枠組み条約締結国会議

(COP) 後の環境適合重視へと変化しているものの、安定供給や経済効率性にも配慮しつつ、再生可能エネルギーの比率をいかに向上させるかが課題となっている。

また、人口減少への対応や環境負荷低減のためのコンパクトシティは、集約エリアに移転する当事者が経済的負担を負うことや、非集約エリアに居住する人がコンパクト化政策に反対するなど、都市をコンパクト化させるうえでの課題となっている。

このような適正分担 (shared state) に対しては、技術革新による「整備」での実現だけでは困難であり、実現のための「規制」や「誘導」が必要だが、社会的合意を得られにくいことが多い。社会的合意を得るためには、国民ひとりひとりが経済的価値を高めつつ社会的価値を高めるような意思決定ができるように適切な情報提供が重要となる。また、社会的価値を高めるために必要な社会規範を拡大することで、適正分担 (shared state) を実現しやすい環境を整えることが求められる。

以降では、「社会規範の醸成」と「情報基盤プラットフォーム」について詳述する。

6-1-2 SSC 実現を支援する情報基盤プラットフォーム

(1) 情報基盤プラットフォームの機能

スマートシェアリングシティを実現するためには、政策や個人の行動の意思決定を誘導するように情報提供する「情報基盤プラットフォーム基盤」の構築が重要である (図 6-1)。

情報基盤プラットフォームが情報提供する場面は2つある。第一に、中長期的な政策 (都市計画など) の意思決定である。政策の意思決定においては、断片的な情報を横断的かつ中長期的にまとめた情報基盤プラットフォームを用いて、科学的根拠（エビデンス）に基づいた政策決定（EBPM）が重要となる。

第二に、短期的な個人の選択・行動の意思決定である。現在は、個人の価値基準に基づき選択・意思決定しているが、情報基盤プラットフォームによって、個人は新たな情報を得ることができる。

このように情報基盤プラットフォームでは、様々な情報をもとにAI等を用いて分析し、新しい計画思想を踏まえた望ましい方向へと政策者や個人に情報提供するものである。

情報基盤プラットフォームには、「データベース機能」、「予測機能」、

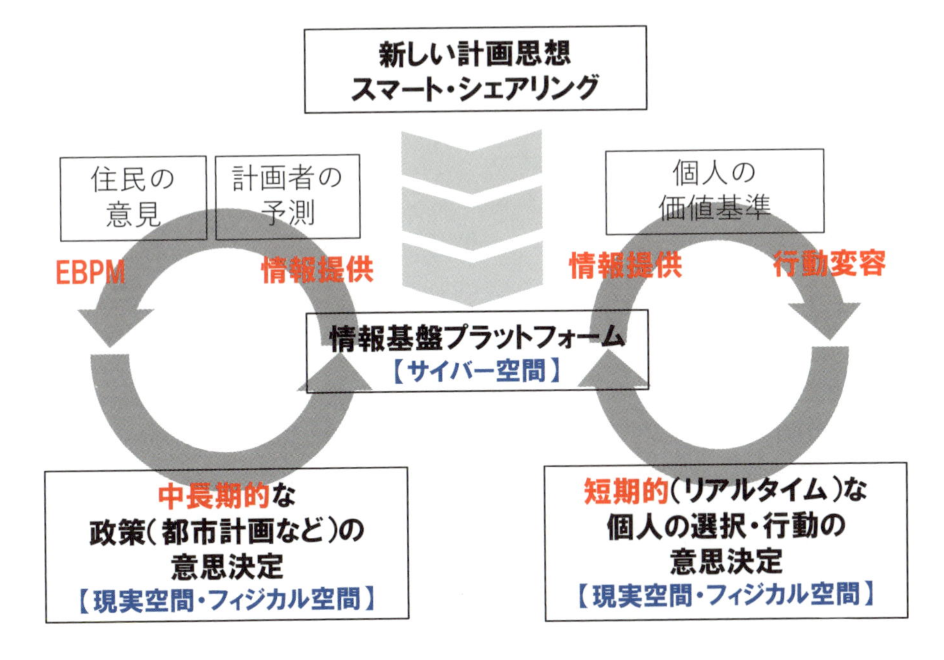

図 6-1　中長期的な政策の意思決定と短期的な個人の選択・行動の意思決定を支援する情報基盤プラットフォーム

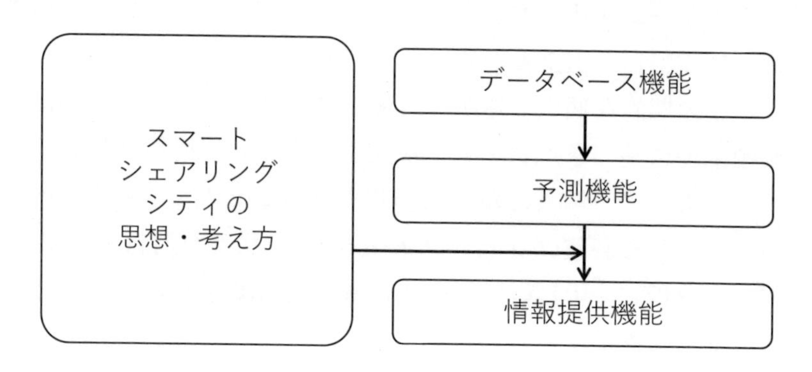

図 6-2 情報基盤プラットフォームの機能

「情報提供機能」がある（図 6-2)。データベース機能とは、「社会における様々な情報を蓄積する機能」である。予測機能とは、「データベースから情報を取り出し、社会現象を予測する機能」である。情報提供機能とは、「予測結果をもとに、短期的な個人の選択・行動や中長期的な政策に対して情報提供する機能」である。

情報基盤プラットフォーム（の情報提供機能）による情報提供は、スマートシェアリングシティの思想・考え方に基づき行われる。スマートシェアリングシティの思想・考え方とは、4 章で述べたように、「経済的価値とともに、社会的価値をより高めることができるように、共同利用と適正分担によって需要と供給の調整を行うこと」である。

情報提供機能が需要と供給に与える影響を図 6-3 に示す。ある財の供給に対して需要が少ない場合、全ての需要をみたすことができる（顕在化需要）が、供給 S1 に対して需要 D が多い場合、供給できる範囲内の需要 D1 しか満たすことができず、顕在化した需要とは別に潜在的需要が生まれる。いま、技術革新によって供給量が S1 から S2 に増加した場合、それに対応して D1 から D2 が潜在的需要から顕在化需要に変わる。

しかし人間の欲求は際限がなく、全ての需要 D3 を満たそうとすると、それに対応するのに必要な供給量 S3 が必要となる。需要 D3 を満たすべく、無理に S3 を供給しようとすると、社会全体の便益が低下するため、需要と供給のバランスを図る必要がある。

このとき供給量を S3 から S2 に抑制することは、規制・誘導を通じて、適正分担を達成することとなる。このために情報基盤プラットフォームは中長期的な政策に対する情報提供を行う。一方、需要量を D3 から D2 に抑制することは、行動変容を通じて、行動をわきまえることとなり、その一部が共同利用となる。このために、情報基盤プラットフォームは短期的な個人の選択・行動に対する情報提供を行う。

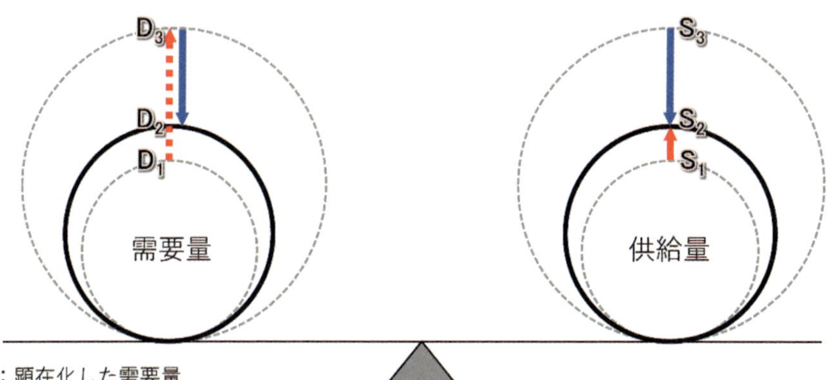

図 6-3　需要と供給からみた、共同利用・分担状態の関係

表 6-1 マネジメントにおける各機能の従来の担い手

機能	現在の主な担い手
データベース機能	様々な主体
予測機能	公共部門（学者、評論家）
情報提供機能	公共部門（政治家、行政）

（2）情報基盤プラットフォームの各種機能の担い手

「データベース機能」、「予測機能」、「情報提供機能」の現在の担い手は、以下のとおりである（**表 6-1**）。

データベース機能は、公共部門、民間部門問わず、様々な主体が様々なデータベースを保有している。予測機能は、主に研究者やコンサルタント等が、調査分析を通じて、社会に与える影響を予測している。情報提供機能は、主に政治家や行政が、調査結果や世論調査等を参考に、市場に介入し利害調整を行っている。

スマートシェアリングシティのマネジメントに求められる条件には、即時性と同時性がある。

即時性とは「情報基盤プラットフォームの各種機能のプロセスを即時に行うこと」である。スマートシェアリングでは、予測された外部性を緩和すべく、逐次、個人に提供する情報を更新することを通じて、利害調整を行う必要があることから、予測機能から情報提供機能までのプロセスを即時に行う必要がある。

同時性とは「情報基盤プラットフォームのいくつかの機能を同じ主体が行うこと」である。スマートシェアリングでは、予測された外部性を緩和すべく、逐次、個人に提供する情報を更新することを通じて、利害調整を行う必要があることから、予測機能と情報提供機能を同じ主体が行う必要がある。

なお、スマートシェアリングにおけるマネジメントに求められる条件（即時性と同時性）を考慮すると、現実的にそれを担える技術はAIの活用しかない。ここで、マネジメント主体が利用者に受容されるか、という課題が残る。

個人が AI による情報提供を受容できるか否かは、選択（行動）の対象によって異なる。たとえば、「おむつとビール」のように、対象が「商品」であれば、マーケティング分野での活用のように受容されやすいが、「命の選別」のように、対象が「生命」であれば、医療分野でAIの結果を受容し難いという研究結果もある。

社会心理学を参考に、個人が情報提供を受容するかどうかは、以下の 4 つの要因で整理できる[1)]。

①送り手に関する要因（情報の送り手はどのような人か？）
②受け手に関する要因（情報の受け手はどのような人か？）
③内容・提示方法に関する要因（どのような内容を話し、提示するか？）
④説得状況に関する要因（どのような状況か？）

ここで、①送り手に関する要因は、一般に「信憑性」や「魅力性」の影響が大きいと言われている。信憑性は「専門性」と「信用性」で構成され、魅力性は「好意」と「類似性」から構成される（**図 6-4**）。

このとき、選択の対象（何を選択するか）と情報の提供者（だれが情報提供するか）によって、個人が情報提供を受け入れられるか否かの例を示す（**表 6-2**）。

都市をマネジメントするにあたって、その担い手が政府ではなくAIを活用したマネジメント組織になることが、いかに受容されるかが今後の課題である。

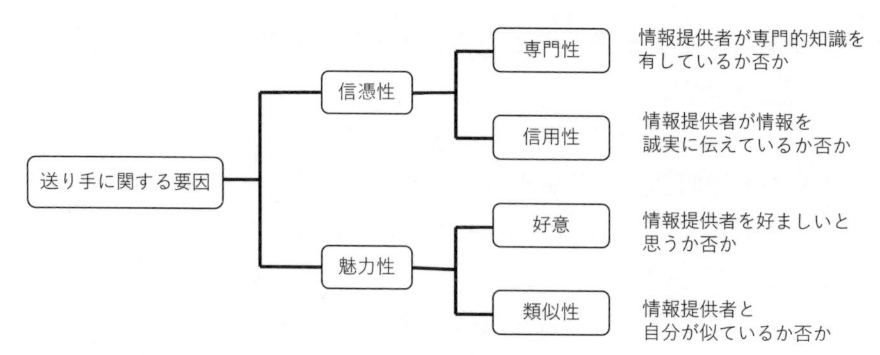

図 6-4 社会心理学における情報の送り手に関する要因

表 6-2 選択（行動）の対象と参考とする情報提供者の受容関係の例

		選択(行動)の対象					情報提供者の要因			
							信憑性		魅力性	
		命	人生進路	生活	買回品	最寄品	専門性	信用性	好意	類似性
情報の提供者	AI	?	?	?	?	?	++			
	有識者・専門家	○	○	○	○	○	++	+		
	自分	○	○	○	○	○		++	++	++
	家族・友人	×	○	○	○	○		+	+	+
	公共部門	×	×	○	○	○	+	+		
	民間部門	×	×	×	○	○	+			
	不特定多数(口コミ)	×	×	×	×	○				+
	他人	×	×	×	×	×				

○：情報提供を受け入れる
×：情報提供を受け入れない
？：情報提供を受け入れるか不明

++：非常に高い
+ ：高い

6-2 都市計画の視点からみた実現方策

6-2-1 ライドシェアを前提とした都市構造

都市構造は土地利用と交通の相互関係で構築されている。現在の低密拡散型都市は自動車の過度な普及が原因であり、新たな交通システムの導入によって変わることができる。コンパクトな街づくりを推奨するためには、適切なシェアリングサービスを導入し、公共交通を補完することが重要である。シェアリングサービスは既存のサービスよりも短時間の利用が可能であるため、路線バスでは網羅しきれない交通空白地への端末交通として有効である。過疎地域ではボランティアを活用した交通弱者向けのライドヘイリングサービスが行われており、地域のサステイナビリティを向上させることが期待されている。

一方で、無秩序なシェアリングは既存の公共交通を脅かすことも知られている。まず、ライドヘイリングの直接の競合相手であるタクシーやハイヤーへの影響について、サービスの本格導入が早かったアメリカの事例を紹介する（図 6-5）。従来、免許制で総台数をコントロールしてきたタクシーは、需給ルールに縛られることなく急速に参入が進むライドヘイリングに顧客を奪われている[2)]。その結果、タクシー事業を行う免許である「メダリオン」の価値が暴落し、タクシードライバーはそれを前提とした将来設計が立ちいかなくなっている。さらに近年ではサービス間だけでなく、同じライドヘイリングサービスのドライバー同士の顧客獲得競争も深刻化し、収益性は悪化している[3)]。

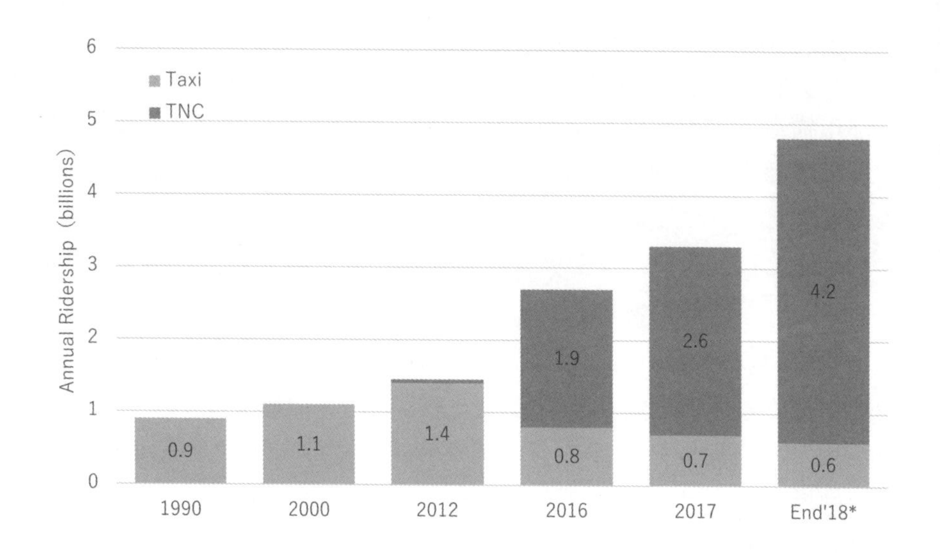

図 6-5 アメリカ国内のタクシーとライドシェア（TNC）の利用者数 [3)]

都市交通の根幹である路線バスや鉄道などのマストランジットへの影響も無視できない。当初はタクシーやハイヤーの代替だったシェアリングサービスだが、近年ではマストランジットからの転移も起きている。例えば、アメリカの大都市圏ではライドヘイリングの導入により2012年から2016年にかけて公共交通の利用者数が8.9%減少した[4)]。近年ではシェアリング事業者は、相乗りを行うライドシェアや乗降位置を運行効率性に併せ移動させるマイクロトランジットの導入を始めた。これによって走行距離の削減や1台当たりの乗客数の増加に努めているが、空間効率性はマストランジットに比べ遥かに悪い。そのためシェアリングサービスにより都市の渋滞は悪化しており、円滑な移動が困難になっている[5)]。マストランジットの魅力低下は土地利用にも影響を与えており、駅周辺の地価が下落するという影響があることも指摘されている[4]。

自動運転技術の進展も、公共交通や都市経営において大きな影響を受ける。1つ目はシェアリングの更なる普及である。自家用車を1人で使用していると仮定し、全国の1日あたりのトリップ所要時間65.1分[5]を稼働時間と想定すると、残り95%は駐車時間となり稼働率は極めて低い。これは自動車が自力で回送することが不可能であるためであり、自動運転車が自ら次のユーザーの目的地に向かうことが出来るならば、シェアリングを選択するほうが1人あたりの自動車利用費用ははるかに安くなる。このようにシェアリングの金銭的・心理的障壁が低下することでシェアリングは普及すると考えられる。

2つ目は、自動車利用の拡大である。先述したように自動運転車のシェアリングの普及は自動車利用費用を下げる。また運転が必要ないため交通弱者も利用可能で、利用者の身体的負担も低下する。これらの理由から自動車はこれまで以上に広い世代、階層の人々が利用できるようになる。交通弱者の足として辛うじて維持されてきた地方都市の公共交通の多くは社会的意義を失うことが懸念される。

3つ目は渋滞の悪化と郊外化の進展である。自動車の大きな欠点である費用の高さと技能の必要性は自動運転やシェアリングによって解決するが、空間効率の悪さだけは克服できない。そのため自動車分担率の向上は渋滞悪化に直結し、それを避けるための郊外化がますます進むようになる。郊外化によるインフラ維持費用の増大やコミュニティの希薄化もまた自動運転では解決できない問題であり、益々強まる郊外化への対策が都市計画レベルで必要となる。

以上の課題に対応しつつ、自動運転ライドシェア普及下で持続可能なコンパクトな街づくりを進めるためには、理想的な交通と土地利用のバランスを示す必要がある（**図 6-6**）。ここで示す交通体系は、人口

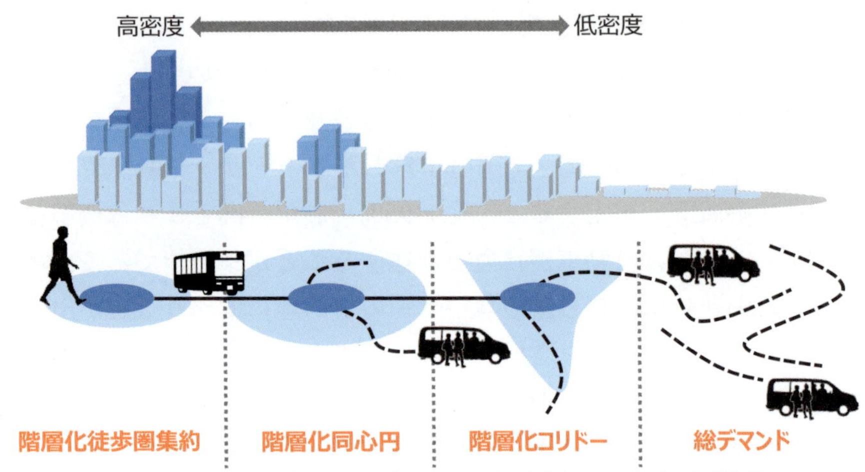

図 6-6　自動運転ライドシェアを前提とした都市構造

密度の高い地区ではバスや LRT などのマストランジットを基幹交通に据え、低密度地域ではライドシェアを端末交通として使うことを基本としている。このような階層化により、高密度地区の交通環境の改善や脱炭素化と、低密度地区のラストワンマイル確保を両立することができる。

最も高密度な都心周辺では、駅周辺の TOD による人口密度向上やウォーカビリティ向上により、マストランジットの徒歩圏に集約させることが望ましい。交通需要の大きい都心部では、たとえ端末交通としての利用だとしても乗継拠点において混雑の発生が懸念されるからである。

中密度の地区では階層化が望ましいが、相乗りのマッチング可能性によって土地利用を変える必要がある。マッチング可能性が高い地区では、乗継拠点からの近接性を重視した同心円状の集約により、1 回あたりの運行距離を減らすことが得策である。マッチング可能性の低い地区では、交通量の大きい街路にコリドー状に集約することで、1回あたりの相乗り率を向上させることが効率化につながる。

低密度の地区では、基幹交通としてマストランジットを維持しても空間効率が低い。そのため、公共交通はライドシェアのみとし運行コストを最小化することが最適となる。

6-2-2 ICTと都市イメージ

スマートシェアリングシティの実現のためには市民の合意形成が必要不可欠だが、そのメリットを適切に配信するには効果の可視化が必要である。

移動状態での占有空間については、NACTOがBLUEPRINT[6)]でモビリティごとに「1時間あたりに1万人を輸送するために必要な道路空間」を図化している（図 6-7）。

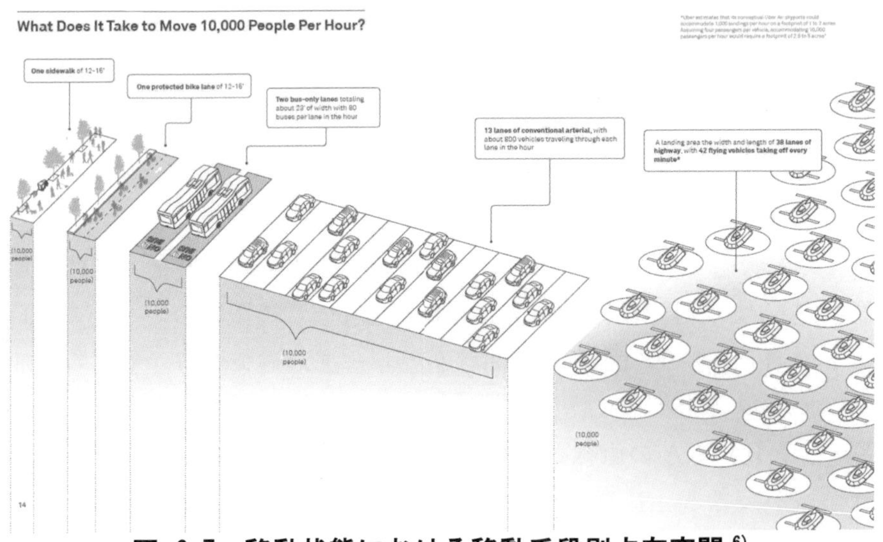

図 6-7　移動状態における移動手段別占有空間 6)

これをみると、1時間に1万人が通過するためには、歩行者の場合は歩道片側分で、自転車の場合も自転車専用レーン1車線分で対応できる。また、バスの場合、1車線あたり80台が通過するバス専用道を2車線分、自動車の場合、1車線あたり800台が通過する車線が13車線分必要であるということを示している。このようにシェアリングは空間の効率的な活用につながるが、実現にあたっては住民、事業者、行政など各利害関係者の合意を得る必要がある。合意形成には多くの時間と労力が必要となるため、近年では科学的なアプローチの研究も進んでいる。ここでは、交渉学的アプローチから合意形成を図る手法を紹介する（**図 6-8**）。交渉学においては、お互いのBATNA（不調時代替案）とZOPA（合意可能領域）を探ることが重要である。BATNAは交渉決裂時の対応策における、最善の対応策である。これは交渉の際に合意しても問題ない最低限の落としどころであり、これを下回ったとき合意形成は起きない。BATNAは各利害関係者に存在し、その自分と相手のBATNAの関係から、合意できるかできないかが決まる。その時の範囲をZOPA（合意形成範囲）と呼んでいる。

両者のBATNAとZOPAを図化すると点線が両者のBATNAである（図 6-8）。この時、両者のBATNAを上回る結果になるような結果であれば合意が成立する。なお、両者の交渉条件（資金、時間、場所など）、実現可能な代替案には制約がある。この限界のことを「パレート最適」という。**図 6-8**の曲線がパレート最適である。予算の増加などで実現可能な選択肢が増えるとパレート最適は拡大する。そして、X, YのBATNAの直線とパレート最適の曲線に囲まれた扇形のような領域ができる。この領域を、「ZOPA（合意可能領域）」という。そして交渉でパレート最適のラインに近づいていくことを「パレート改善」という。

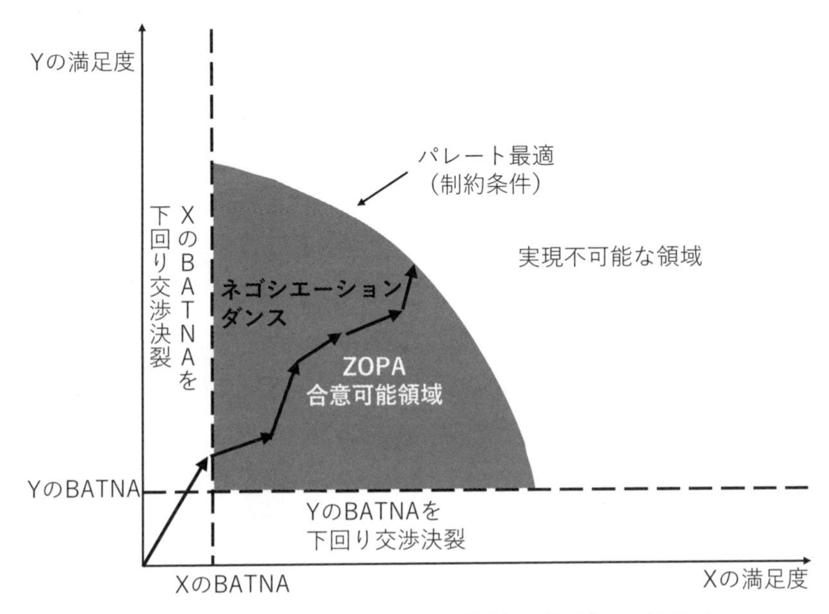

図 6-8　満足度・パレート最適・ZOPA の考え方

ここでは、新宿駅東口の道路空間再配分の検討を例に交渉過程を考察する[7)]。2018 年に歩行者の滞在環境改善のためにパークレットの設置の社会実験（STREET SEAT）などが行われており、将来的には一方通行化や恒久的歩行者天国も検討されている。歩行者にとっては利便性が向上する一方で、物流事業者にとって道路空間再配分は搬入の制約が増えることになるため、来街者と物流事業者双方が満足する案を探る必要がある。また、道路管理者にとっては維持管理費の削減など総合的な改善が目標となる。そのため、数回の懇談会にて、3DVR の将来像を修正しながら合意形成を試みた（**図 6-9**）。修正過程では、街路樹の増加などデザイン面での改善だけでなく、画角など見せ方についても意見を反映していった。

長編第一段階まで　　　長編第二段階

STREET SEATS
本格設置

一方通行とたまる空間

トランジットモール化

モール化

図 6-9　合意形成段階での意見反映例

今回の 3DVR で将来像を描き出したことを交渉学に当てはめるならば、アスピレーション（本当に達成できるかわからないが、頑張った先の目標像のようなもの）の提示に近い[8]（図 6-10）。図 6-10 に示した中で、黄色の矢印がアスピレーションを意味する。合意形成は両者が様々な条件を出し合って綱引きのように互いの利益が大きくなるように交渉する。それは図 6-10 の点線矢印のようなネゴシエーションダンスというジグザグの挙動をとり、原点を離れて、パレート

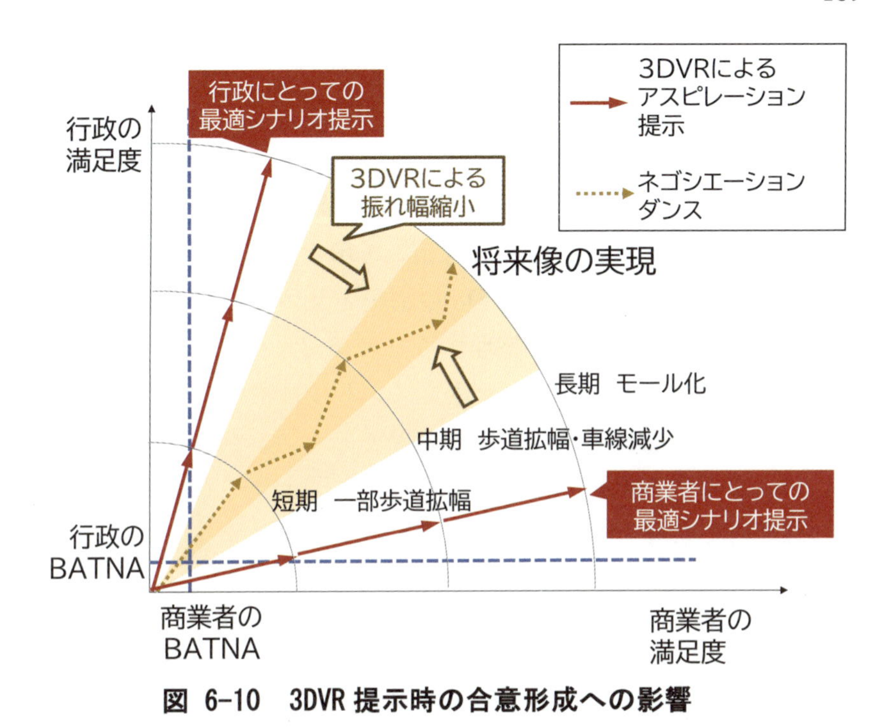

図 6-10 3DVR 提示時の合意形成への影響

最適の曲線に向かう。そしてパレート最適は短期(STREET SEATS)、中期(一方通行)、長期(モール化)と施策の自由度が増すにつれ拡大していく。このような複数案を提示した合意形成は、将来像のイメージのしづらさからお互いの BATNA を探ることが難しいが、3DVR を利用することでネゴシエーションダンスの振れ幅が小さくなり、両者のパレート最適に向けて素早く収束していくことが期待される。

6-2-3 都市 OS のマネジメント

スマートシェアリングシティの実現を運営面からサポートするためには、都市 OS（データ連携基盤）のマネジメントが必要である。

都市 OS とは、スマートシティ実現のために、「地域が共通的に活用する機能が集約され、様々な分野のサービス導入を容易にさせる IT システムの総称」[9)]である。つまり、都市のデータやサービスを連携させるプラットフォームのことで、既存の行政情報システムなどとも連携できるオープンな行政管理システムを示す。スマートシェアリングシティにおいても、この都市 OS の構築とマネジメントが極めて重要となるため、課題と展望を整理する（表 6-3)。

一般的に、この都市 OS のマネジメントには主に 2 点の課題が指摘されている。1 点目は運営費用の確保であり、2 点目は個人情報の収集、利用に対する抵抗である。これらは、国土交通省もスマートシティの課題として挙げており、都市 OS に限らずスマートシティ全般の課題であるといえる。

表 6-3　分野横断型スマートシティ実現に向けての課題
出典：国土交通省 スマートシティの実現に向けて[10)]

分類	課題内容（企業よりヒアリング）
ビジョンの明確化	■ スマートシティの実現に向けて市町村がしっかりとビジョンを持つ必要
推進体制	■ 分野横断的な取り組みのため各部署間の調整が必要になるため首長のリーダーシップが必要 ■ 国、自治体、民間企業、商店街組合等の関係者による会議体、合議体の必要 ■ 産官学の推進体制
データの管理運用・利活用	■ データの共有、オープン化 ■ スマートシティ運営のための維持費捻出 ■ オープン化のため行政がイニシアティブを持つ必要 ■ オープン化のメリットを示す必要性、また市民、行政、企業等のイノベーションを生み出す流れ作りが必要
情報基盤の整備	■ まちづくり時や計画時にスマートシティを念頭にICT技術を組み込み整備する必要

持続的な運営費用を捻出するためには、ビジネスモデルとして確立する必要がある。そこで、スマートシティ先行プロジェクトを対象にビジネスモデルを、エリアマネジメント型、プロジェクト統合型、自治体主導型の３つに分類して、その特徴を整理する[11]。

エリアマネジメント型は、エリアマネジメントの事業の一部としてスマートシティプロジェクトを実施するのもので、サービス料徴収や、エリアマネジメント団体からの交付金が資金源となる。前者はサービス利用者の直接的便益、後者は事業実施による付加価値向上による間接的便益を享受することができるため、プロジェクト内でマネタイズが可能となっている（図 6-11）。

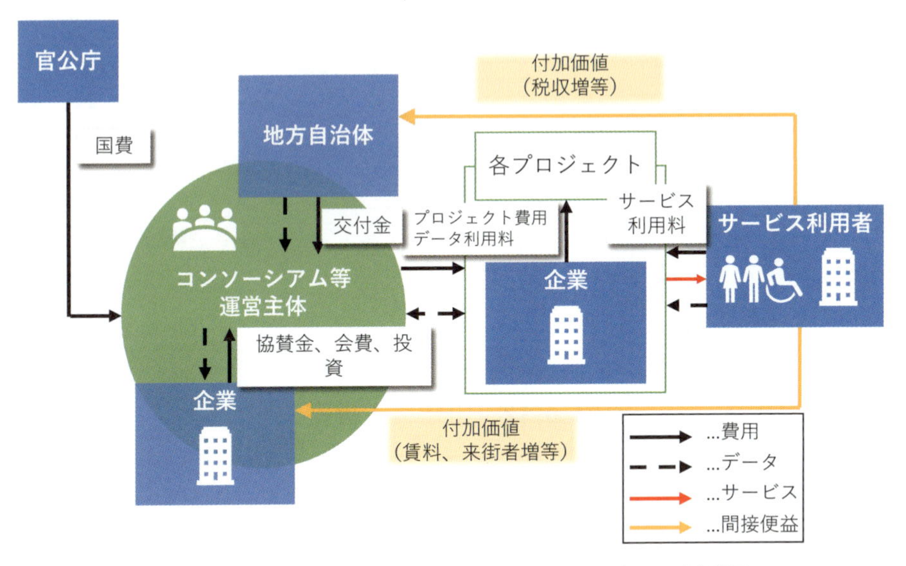

（参考）大手町・丸の内・有楽町地区スマートシティ　ビジョン・実行計画
柏の葉スマートシティ実行計画

図 6-11　エリアマネジメント型

自治体主導型は自治体の都市計画や経営計画等の一部としてスマートシティを行う場合などを想定した、資金調達を自治体が中心となって行う型である。現状では収益性が見込まれない事業だが、公益性の高いプロジェクトの場合はこの類型を選択せざるを得ないといえる（図 6-12)。

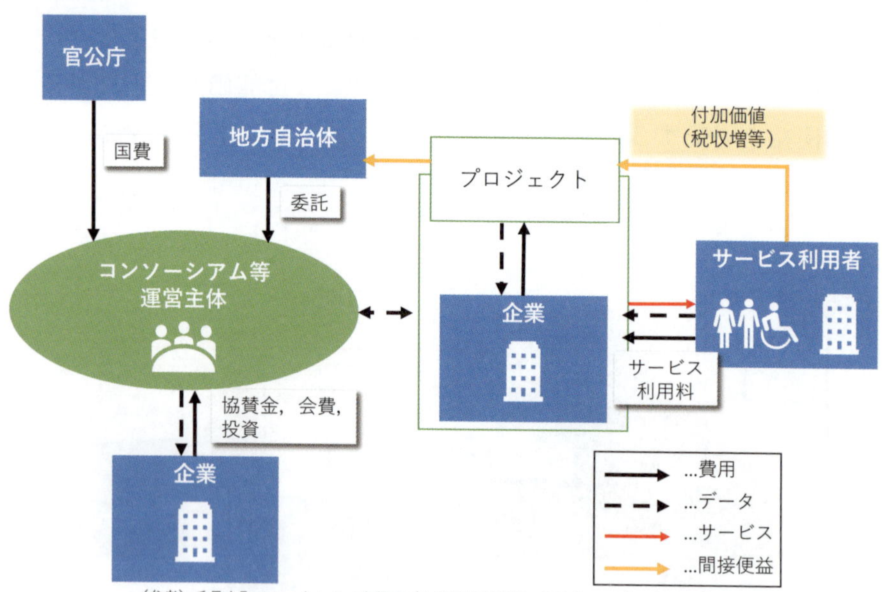

図 6-12　自治体主導型

プロジェクト統合型は、収益性の高いプロジェクトと低いプロジェクトを横断的に行い、それぞれ異なる資金調達方法を取り入れるモデルである。収益性の高いプロジェクトでは民間中心の資金調達を行い、収益性の低いプロジェクトについては自治体からの補助金や SIB による資金調達を行う、自治体主導型とエリアマネジメント型の中間のビジネスモデルである（**図 6-13**）。

3 つのビジネスモデルの特徴を**表 6-4** にまとめた。

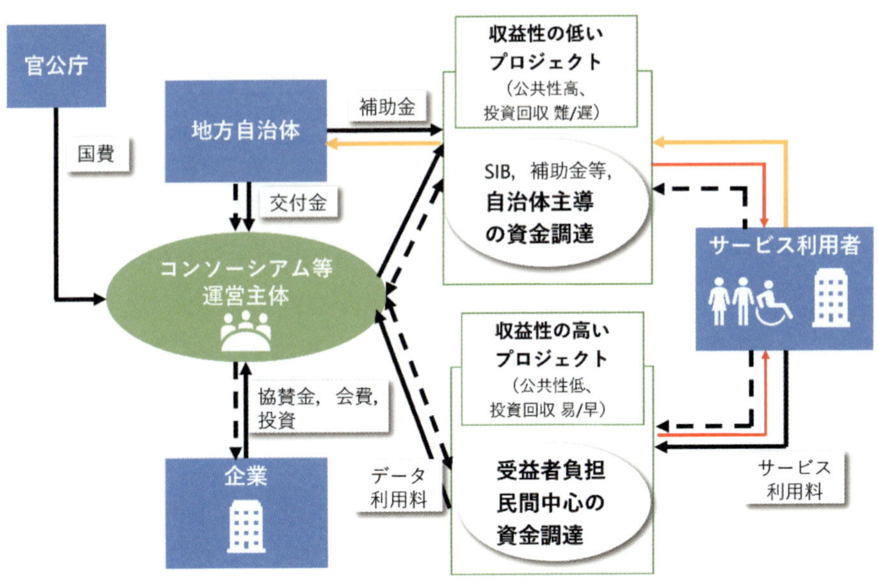

図 6-13　プロジェクト統合型

表 6-4 各プロジェクトの特徴

		プロジェクトの特徴			
		中心となって運営する組織	対象区域の規模	主な受益者	活用する主な資金調達方法
ビジネスモデル	エリアマネジメント型	民間企業	市区町村内の特定エリア	エリアの地権者，住民	エリアマネジメント負担金制度
	プロジェクト統合型	自治体，官民連携組織等	市区町村内の特定エリア，都市	プロジェクト参加企業，住民	SIB，プロジェクトファイナンス
	自治体主導型	自治体	市区町村内の特定エリア，都市	住民	PFI，SIB

現在のスマートシティ関連事業を分類すると自治体主導型が多いが、自治体主導型は資金の回収が難しく、行政負担が続くため持続的な運営に課題が残る。将来的にはエリアマネジメント型やプロジェクト統合型への移行が望ましい。一方で、公益性の非常に高い事業や、現状では資金の回収が難しいが将来的には発展が見込まれる事業については、自治体主導型により先行的に事業を実施することも必要である。活動財源についてもビジネスモデルと同様、現状では手厚い支援のある官公庁や地方自治体による交付金を資金源としていることが多い。将来的に予算の減少が見込まれる場合には、サービス利用料などで持続的に資金源を確保することが重要である。一方で利用料の設定については、将来の活動財源として見込んでいる団体の多くが課題としている。現状存在しないサービスの適切な利用料の設定は難しいため、サービス受益者である住民などへの情報提供やコミュニケーションを通して、公益性と持続可能な運営のバランスを保った料金設定を行う必要があると考えられる。

都市 OS が導入されて本来想定される機能を果たし、最終的に持続的に運営されていくにあたっては、「システムの改修」「利用可能データの増加」「新規サービスの導入」「IoT 機器の増設」「他システムとの連携」「他都市との連携」が課題となっている。

「システムの改修」は、当初はスモールスタートに必要な機能のみで都市 OS の構築を行い、将来的な利用目的拡大に伴って機能を拡大していく取り組みである。「利用可能データの増加」は、連携するデータベースの増加や導入するサービスの増加、そして収集されるデータ・都市 OS 導入対象となるデータの増加にともなって発生する。「新規サービスの導入」は、実証実験の完了に伴うサービスの本格実装や、スマートシティの進展に伴う新規サービスの創出が挙げられる。「IoT 機器の増設」は、ニーズに合わせてスマートシティ対象地域内に新たな IoT 機器を設置し、必要なデータを収集する取り組みである。「他システムとの連携」、「他都市 OS との連携」は、利用可能なデータを増加させたり、他都市で提供されていたサービスを横展開したりするために行われる取り組みである。

ここで重要なのは、いずれの取組みも新規サービスの導入か利用可能データの増加につながる点である。また利用可能なデータは新規サービスの導入に繋がり、新規サービスの導入は更なる利用可能データの増加につながる。すなわちこれらが相互に生じて、相互作用の結果としてシステムやサービス利用者の拡大が起こる。結果的に都市 OS がもたらす便益の拡大と費用対効果の確保が生じることで、持続的な都市 OS の運営につながることが想定される。このロードマップを**図 6-14** にまとめた。

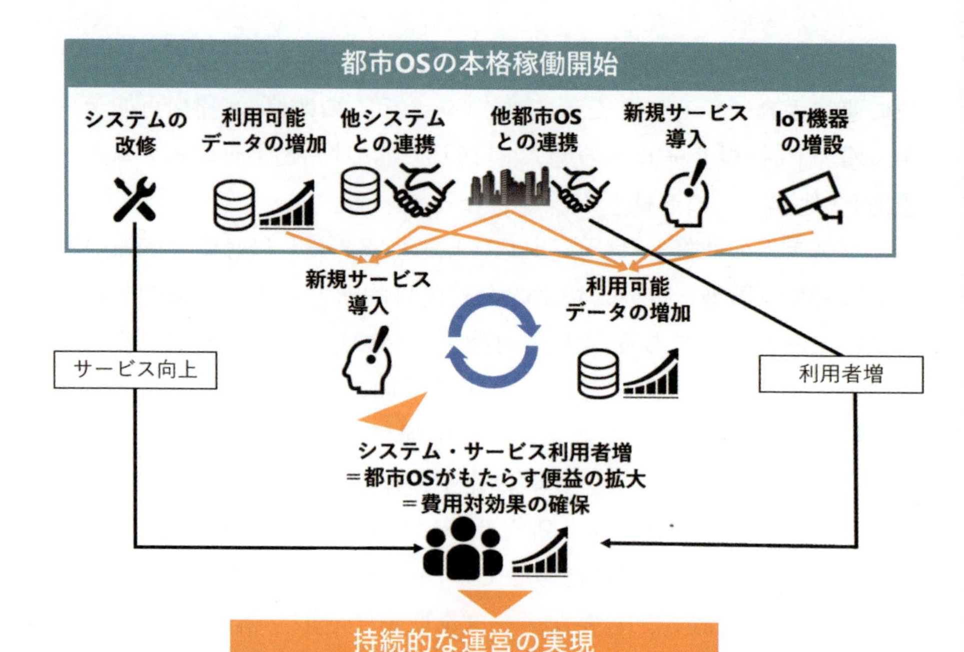

図 6-14　都市 OS 本格稼働後の取り組みと持続的な都市 OS の運営へ向けたロードマップ

このように、新規サービスの導入と利用可能なデータの増加は都市OS の持続的な運営の実現へ向けたロードマップの根幹と位置付けることができる。なお、これらのサービス・データの増加は他システムとの連携や他都市 OS との連携をベースとして行うことを想定しているため、都市間・分野間・サービス連携が実現することが重要となる。都市 OS を実現するまでのロードマップにおいては、都市間連携・分野間連携・サービス連携の重要性に注目し、いかに連携によって付加価値が創出されるかに主眼をおいて次のように5つの段階に整理した[12)]。

Level 0：実装検討段階：統合的なサービス・データ基盤がなく、データやサービスが個別化されている状態。(都市 OS 実装前の段階)
Level 1：実装初期段階：都市 OS が実装され、いくつかのデータベースが連携する。課題オリエンテッドに開発されたサービスが都市 OS を基盤として稼働する。
Level 2：サービス創出段階：蓄積されたデータが分野横断的に活用され、新たなサービスが創出される。
Level 3：費用対効果確保段階：様々なサービスの実装によって都市 OS がもたらす便益が拡大し、都市 OS の費用対効果が確保される。この段階への到達をもって、都市 OS の持続的な運営が実現したとみなされる。
Level 4：サービス間最適化段階：スマートシティサービスと都市計画が融合し、デジタルツインによる高度なシミュレーション等を活用した、スマートシティサービス同士の調整・最適化が行われる。

以下、それぞれの段階について詳細に説明していく。

Level 0：実装検討段階

本段階は、都市 OS もしくはそれに準ずるスマートシティのデータ連携基盤がなく、その社会実装を検討している状態である (図 6-15)。スマートシティ施策として、デジタル技術を活用したサービス提供を実装している自治体でも、それぞれのサービスは独立した仕組みやデータベースであり、他のサービスと十分な連携がとれていない。こうしたサービスごとにデータが活用されている、いわゆるサイロ化されている状況と、様々なデータベースが連携基盤上で接続している状況を区別するためにも、実装されている前の段階を実装検討段階として示した。

＜Level 0：実装検討段階＞
統合的なサービス・データ基盤がない，個別化されたデータやサービス
（都市OSが本格実装される前の段階）

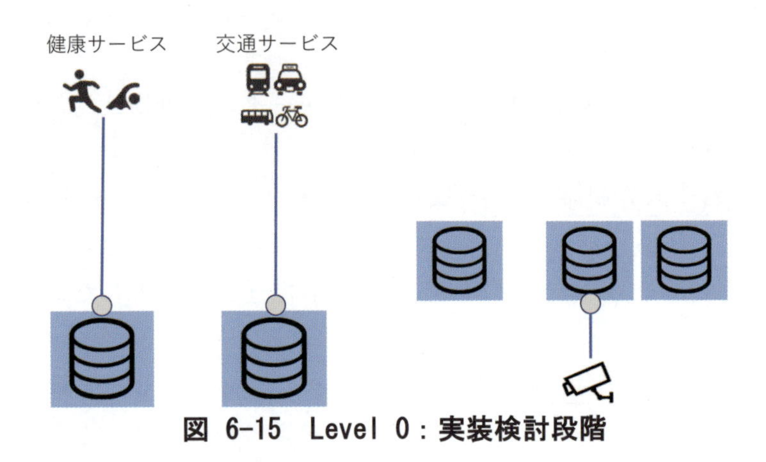

図 6-15 Level 0：実装検討段階

Level 1：実装初期段階

本段階は、データ連携基盤となる都市 OS が実装され、まずは初期段階としていくつかのデータベースやサービスが都市 OS に接続されている状態を示している（**図 6-16**）。現在、日本国内では都市 OS の実装が徐々に進んでいるが、多くの都市でそのメリットを活用しきれている状況ではない。この初期段階の Level 1 を脱し、後述する Level 2 の活用段階に移行できるかが、都市 OS の持続的な運営に移れるかどうかの 1 つのカギとなるといえる。

＜Level 1：実装初期段階＞
都市OSが実装され，いくつかのデータベースが連携する
課題オリエンテッドに開発されたサービスが都市OSを基盤として稼働

国内の都市OSはほぼ全てがこの状況

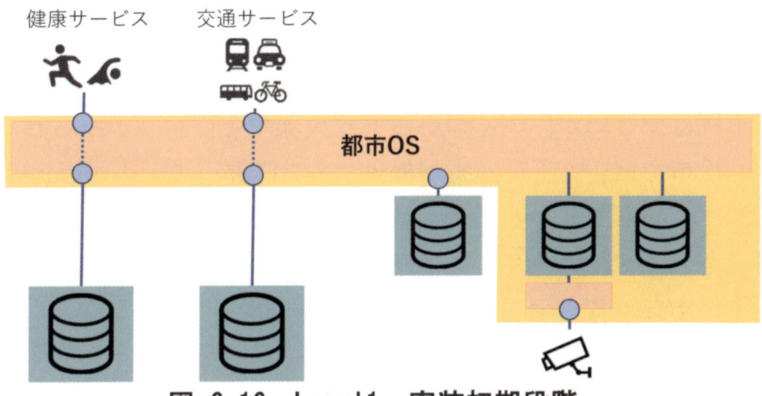

図 6-16　Level1：実装初期段階

Level 2：サービス創出段階

本段階は、都市 OS を通じて連携されたサービスによって生じるデータの蓄積や、様々なデータベースが連携することによって、都市 OS を基盤とした新たなサービスが創出される状態を示している（図 6-17）。これは、都市 OS に搭載されるサービスが単に増加することで達成するわけではない。同一の基盤に様々なサービス・データベースが連携されることで、そこに新たなサービスが創出されることを一つの目標として設定している。もちろん都市 OS 上で様々なサービスが搭載され、それらの利用者が同一の ID を用いてスムーズに複数サービスを利用できる、いわゆるサービス連携がなされることも 1 つのメリットである。しかしサービス同士の連携は都市 OS という連携基盤がなくても実行可能なことであり、実際に現代社会にある様々なアプ

リ・サービスは互いに連携しあっている（例：google map における日付を指定したホテル料金の検索）。都市 OS だからこそ発揮できるのは、様々な異なるデータが 1 つの基盤上で利用しやすくなっていることである。幅広いデータの蓄積をサービスという形でアウトプットできることが都市 OS の本来の活用の形だといえる。

このような視点から、都市 OS 活用において新たなサービスを創出した事例は少ないが、いくつかの実証実験でその試みがみられる。例えば高松市では、国土交通省が提供する 3D 都市モデル「Plateau」を活用して、都市 OS から取得した河川水位や CO2 濃度といった情報を掛け合わせて、災害リスクや環境の観点から将来の都市構造を評価する実証実験を行っている[13)]。

＜Level 2：サービス創出段階＞
蓄積されたデータが分野横断的に活用され，新たなサービスが創出

国内では実証実験どまりがほとんど

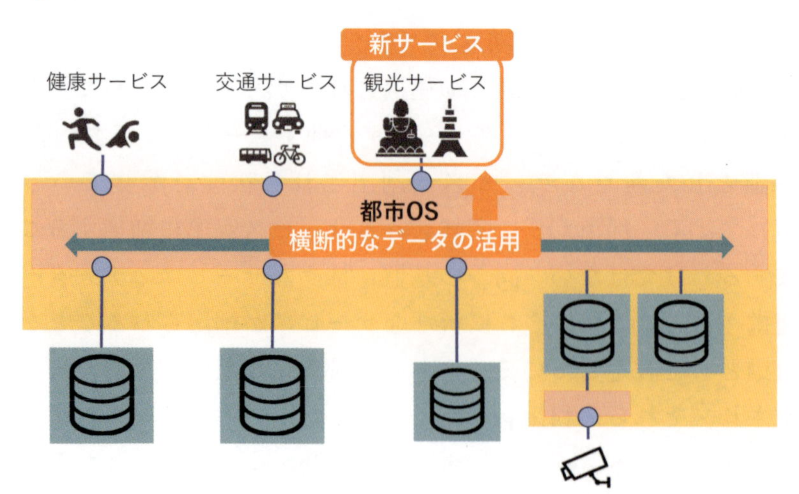

図 6-17　Level2：サービス創出段階

Level 3：費用対効果確保段階

本段階は、Level 2 からさらにサービスが創出されることで都市 OS がもたらす便益が拡大し、都市 OS の費用対効果が確保された状態である（**図 6-18**）。都市 OS の維持管理にはそれ相応のコストがかかるため、都市 OS を導入してもそれに見合う便益が出なければ、むしろ都市 OS がスマートシティ実現の足かせとなる。都市 OS がスマートシティの継続的な発展に資するためには、資金的な持続性は最も重要な観点であるといえる。都市 OS はデータ連携基盤であるからこそ、そこにより多くのデータベース・サービスが接続され、利用回数が増加すれば、1 サービスあたりの費用は逓減する。つまり都市 OS の持続的な運営が達成されるためには、都市 OS をベースとしたサービスの増加がキーポイントになる。ただしどの時点で費用対効果があるかについては検討が必要である。都市 OS が提供するサービスは公共的な利益をもたらすものも想定されており、仮に資金的にはコストが回収できていないとしても、相応の社会的便益が生じていれば費用対効果が確保されているとみなすことができる。

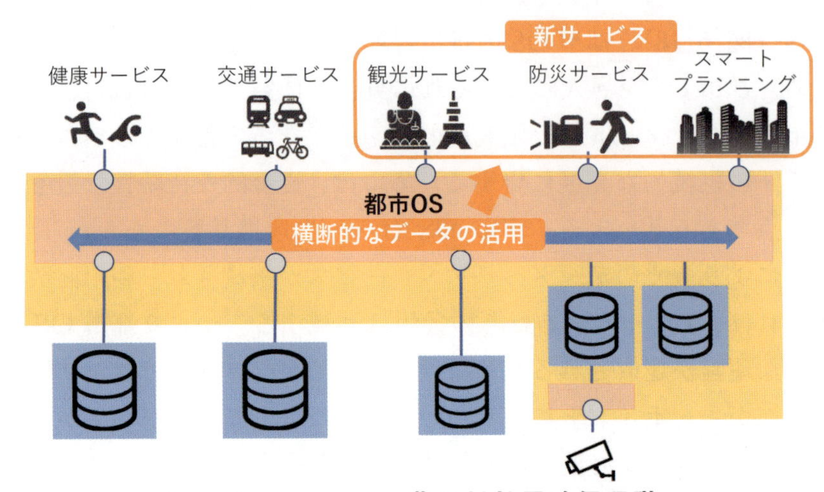

図 6-18　Level 3：費用対効果確保段階

Level 4：サービス間最適化段階

本段階は、デジタルツイン等を活用したスマートシティサービスと都市計画が高度に融合し、スマートシティサービス同士の調整が行われる状態を示す（図 6-19）。各種スマートシティサービスによって都市の課題解決が図られ、また新たな価値が創出されることが想定される。一方で、サービス同士が干渉し、逆に新たな問題や、非効率な部分が生じてしまうことも考えられる。スマートシティの最終的な目的が持続可能な都市であることを踏まえると、トレードオフも含んだ都市全体の変化をデジタルツインでシミュレーションし、それをスマートシティサービスの内容にフィードバックすることが望ましい。都市で起こる様々な事象を、全体最適に近づくように調整するには、共同

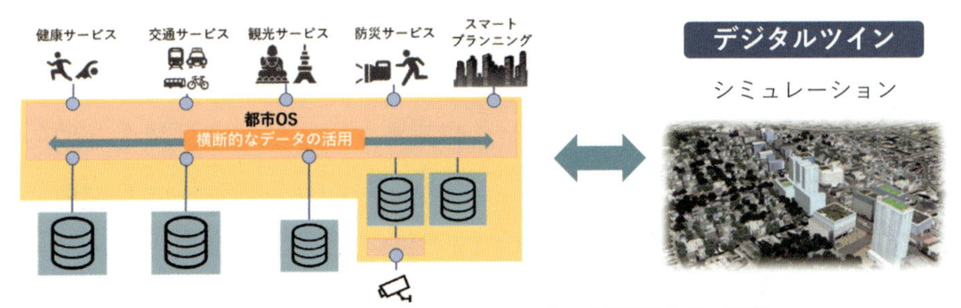

図 6-19　Level 4：サービス間最適化段階

利用と適正分担の考え方が参考となる。

こうした調整には高度な情報処理力と多様な分野間を調整するガバナンスが必要である。現時点でこの Level 4 に該当する地域はないが、シンガポールにおけるスマートネーションの取り組みが、この Level 4 に近いといえる。特に、スマートシティの取り組みが他分野にわたって展開されながら長く続けられている点、またバス利用マッチングサービス「Beeline」のように、データに基づくサービスの最適化が行われている点が高く評価される。

6-3 実現に向けた課題と展望

6-3-1 行動変容と政策決定

スマートシェアリングシティを実現するためには、サイバー空間とフィジカル空間が高度に融合されることを目指して、短期的かつ個人レベルでの行動変容と、中長期的かつ全体レベルでの政策決定が重要である。

個人の価値観に依存するが、より良い状態に自発的に行動変容を起こさせるようなメカニズムを解明し、それを促すシステムを構築する必要である。例えば、サイバー空間でのリアルタイムの情報によりフィジカル空間では車利用から公共交通へ交通手段を変化させたり、より混雑度の低い目的地を選択したりすることができる。そのためには、情報基盤プラットフォームが様々な情報を AI 等で整理、統合して的確に利用者に伝達することが肝要となる。ただし、個人に関わる情報の収集については十分な配慮が必要である。特定の個人が限定されなくても、パーソナルデータ活用の際には、プライバシー侵害となる懸念がある。なお、ここでの個人情報とは「生存する個人に関する情報」であり、氏名、生年月日、指紋など特定の個人に関する情報を指している。一方で、パーソナルデータはより広い概念で用いられる場合が多く、「個人の属性情報、移動・行動・購買履歴、ウェアラブル機器から収集された個人に関わる情報」を示す。

そのため、SSC で収集されたデータベースの利用においては、提供者自身の利用価値と、それを 2 次的に利用する価値を十分に吟味する必要がある。データの利用価値についてまとめたものを**図 6-20** に示す[14)]。まず、リアルタイムにパーソナルデータを活用する際には、提供したパーソナルデータによるサービスが自身に還元される「直接的利用価値」と、他者が利用してくれたことによる「間接的利用価値」がある。前者は渋滞情報によって自分が渋滞を回避できたことによる価値で、後者は他者が経路変更してくれたことで渋滞が緩和することを示す。あるいは、自身が提供したパーソナルデータを他人が使うことで自身が満足する「代位価値」や、将来的に蓄積したデータを用いて自身に還元される「オプション価値」、蓄積データを他人が活用する「遺産価値」が該当するといえる。

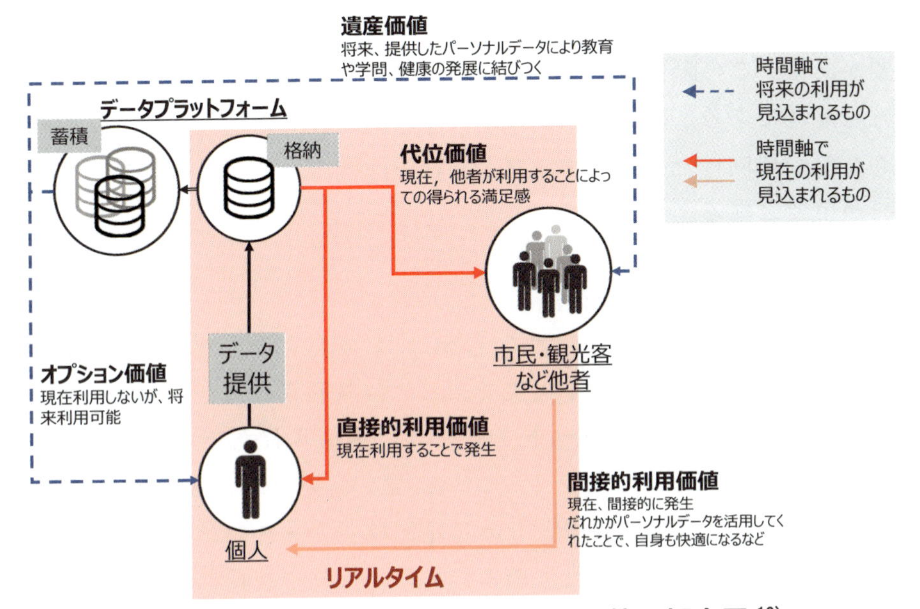

図 6-20　パーソナルデータの利用価値の概念図 [13)]

SSC のデータプラットフォーム構築においては、個人情報の保護はもちろんのこと、パーソナルデータ提供の際にどのような価値が発生するかをデータ提供者に十分に理解してもらう必要がある。個人に便益が帰着する直接的利用価値や間接的利用価値、オプション価値だけではなく、賢いシェアリングによって他者の効用も上昇させる代位価値や遺産価値を付加する施策が必要となる。その際には、人間関係によって成り立つ社会的な規範を形成できるような環境を整えることも重要となる。

また、中長期的に都市をマネジメントするためには、行政や計画者の視点でサイバー空間により多くの情報を蓄積し、それらを解析し正確で根拠ある政策判断をすることが求められる。そのために ICT を活用してデータを収集し、情報基盤プラットフォームに蓄積していく必要がある。この際の課題は、情報基盤プラットフォームの財政的な持続可能性である。前節の都市 OS のマネジメントで述べたように段階的な整備に向けたロードマップと、官民連携のマネジメント組織の検討が重要となる。

6-3-2 まちづくりと合意形成

スマートシェアリングシティ（SSC）を実現するために、住民や関係者間の合意形成が必要不可欠である。合意形成にあたっては、サイバー空間の情報基盤プラットフォームに蓄積されたデータに基づく証拠や、データを使ったシミュレーション結果を用いる必要がある。しかしながら、都市の利用者である住民は、データやシミュレーション結果の理解が難しい場合もあるために、行政や計画者がわかりやすい説明を行っていくことが必要である。その際には 3 次元 CG などの、できるだけ分かりやすい情報提供が有効である。例えば、国土交通省では都市デジタルツインの実現プロジェクト（PLATEAU）を推進しており、3D 都市モデルをオープンデータとして提供することで、様々な領域でユースケース開発を支援している。3D 都市モデルの整備・活用・オープンデータ化を進めることで、SSC の実現に資する情報基盤プラットフォームとしての活用が期待できる。

また近年、市民参加のためのデジタルプラットフォームとして、Decidim（デシディム）が注目されている。これは 2016 年にスペインのバルセロナで開発された自由でオープンソースのウェブベースのソフトウェアである。オープンソースなので開発プロセスが透明化されており、安全性と信頼が確保した仕組みとして提供されている [15)]。Decidim は、数百人から数万人の参加者を想定した多様な組織で活用でき、オンラインで意見を集め、議論を集約して政策立案するための機能を有している。このようにDXを用いて市民の自由な参加を促すなど、コミュニティの民主的組織を支援する仕組みが世界各地で進んでいる。

今後、デジタルテクノロジーやビッグデータまたはAIを活用したまちづくりを推進する際には、市民参加の方法自体も広く開かれた民主的な方法が求められる。SSCの構築に向けて、デジタルプラットフォームを用いて「証拠に基づく政策立案」EBPM（Evidence Based Policy Making）の実施はもちろんのこと、市民参加や合意形成の方法自体も透明性や説明責任、セキュリティ確保が求められる。

参考文献

1）堀洋道，山本眞理子，吉田富二雄編著（1997）「新編社会心理学」
2）Tyler Durden，Zerohedge，Taxi Medallion Debt Catches A Bid After Prices Plunge 90% Over Last Decade, https://www.zerohedge.com/personal-finance/taxi-medallion-debt-catches-bid-after-prices-plunge-90-over-last-decade，2019
3）Schaller Consulting，THE NEW AUTOMOBILITY: Lyft, Uber and the Future of American Cities，2018
4）Diao, M., Kong, H. & Zhao, J. Impacts of transportation network companies on urban mobility. Nat Sustain 4, 494–500 , 2021
5）国土交通省, 都市における人の動き-平成22年全国都市交通特性調査集計結果から-，2012
6）NACTO : Blueprint for Autonomous Urbanism, 2019年
7）森重裕貴，森本章倫，高山宇宙：道路空間将来像の可視化を用いた合意形成手法の提案に関する研究，都市計画論文集 No.53-3，pp.1370-1376, 2018
8）松浦正浩：「実践！交渉学―いかに合意形成を図るか」，筑摩書房，2010
9）内閣府，都市 OS リファレンスアーキテクチャ，2020

10) 国土交通省，スマートシティの実現に向けて【中間とりまとめ】，2018
11) 津田采音，川合智也，森本章倫：官民連携に着目したスマートシティの持続可能な運営体制に関する研究，都市計画論文集， Vol.56, No.3, pp.635-640, 2021
12) 萩原隼士，林大輝，森本章倫:データの連携がもたらす効果に着目した持続的な都市 OS 運営に関する研究，土木計画学研究講演集 Vol.67, CD:全 8p, 2023
13) 国土交通省 PLATEAU HP：UseCase「都市 OS と連携した都市政策シミュレーション」，2023
14) 川合智也・萩原隼士・森本章倫:デジタルツインシティ構築に向けた個人情報の可視化に関する研究，土木計画学研究講演集 Vol.65, CD:全 8p, 2022
15) Decidim WEB サイト：https://decidim.org/ja/ （最終閲覧日：2024.10.1）

おわりに

都市の「シェアリング」について議論する契機となったのは、2015年度に土木学会エネルギー委員会の中に「スマートシェアシティ小委員会（古池弘隆委員長）」が発足したのがきっかけである。5年間の活動後、2020年度から「スマートシェアリングシティ研究小委員会（森本章倫委員長）」と名称を変更して研究・調査活動を続けてきた。小委員会発足時の問題意識を当時の資料から抜粋して紹介すると、次のように説明している。

「様々な分野において、資源等を有効かつ効率に利用するために「スマート（賢い）」に着目した取組みが見られる。都市空間や建築空間、移動空間などを上手に共有する仕組みに注目が集まっている。これらのシェアリングは利用者の利便性増進といった視点から、経済の活性化を導くだけでなく、社会的な様々な課題の解決策となることが期待されている。今後の社会においては、いかに現在あるものを効率的に利用するか、出来るだけ少ない負荷で利用するかが注目されている」。このような問題意識のもとで、小委員会の目的は、「新たにシェアの概念を用いた都市モデルとして”スマートシェアリングシティ（Smart Sharing City）を提案するとともに、それを実現するための方策を提案する」と記載している。

当初から注目したシェアリングはなにも新しい概念ではなく、共同利用として昔から使われていたものである。物がない時代においては、共同利用は生活をしていくための欠かせぬ手段であった。その後、近代化によって生活は豊かになり、市場では物があふれ、個人が様々なものを所有する時代となった。さらに成熟した社会の中で、人々の価値観も所有から利用へと変化が続いている。この物を賢く利用する時代における、新しいシェアリングとは何かについて交通、土地利用、エネルギーの３つの分野に焦点をあてて議論し、その成果をまとめたものが本書である。

シェアリングの事例は過去から現在まで多くあるものの、近年の課題を解決する都市モデルとして提案するまでには、多くの議論を要した。特にシェアリングについては一般的な「共同利用」としての意味と、資源利用のバランスを考える「適正分担」の双方が必要であると説いたことが本都市モデルの最大の特徴となっている。前者の共同利用は適正な市場を形成すれば、利用者の経済的価値が向上するため必然的に進むと想定できる。特に情報通信技術（ICT）や人工知能（AI）などの新技術の活用によって、これまで十分に活用されていなかった遊休資産の効率的な活用が可能となる。しかし、後者の適正分担の達成は市場原理だけでは難しい。個別分野の最適化が全体の最適化につながらないように、どこかで分野間の調整が必要となる。過度な資源消費を抑制したり、資源の多様性を確保するための施策を実施したりすることで、中長期的な持続性や、多様な社会的価値を生み出すことができる。

本書の前半で述べた現在およびこれからの都市問題を解決するため、このシェアリングを通して経済的価値と社会的価値の双方のバランスを図ることが重要である。江戸から現在までのシェアリングの経緯にも見られるように、シェアリングの方法は過去からの慣習的な手法から、最新の ICT 技術を用いた方法まで様々である。現在の都市課題に着目すると、これまで十分に議論されてこなかったサイバー空間とフィジカル空間の融合が大きな課題となる。例えば、サイバー空間の活用によって駅から離れた場所の利便性が上がれば、駅周辺のフィジカル空間の整備にも影響を与える。あるいは、ICT やデータを活用して都市や地域の課題解決や新たな価値創出を目指すスマートシティの取組の多くは、単一分野での課題解決や価値創造が主となっており、都市全体での議論はまだまだこれからである。さまざまな事業者や自治体が提供するサービスや機能を自由に組み合わせる都市のデジタル基盤（都市 OS）の整備が進んでいるが、今後はどのような組合せが持続可能な社会にとって良いかを十分に検討する必要がある。SSC はこの現代的な課題に対しての一つの考え方として提案した都市モデルでもある。

本文中に過去の歴史的経緯や現代社会の中で実施されているシェアリング事例や考え方について、SSC に関連する項目をできる限り取り上げて解説した。しかし、各事例の適切な組合せやバランスを明示するまでには至らなかった。共同利用や経済的価値の評価は比較的容易であるが、適正分担や社会的価値の把握は極めて難しい。何が適正なバランスなのかは主体や対象、あるいは時代によって異なるからである。同様に社会的価値についても、人々の価値観が場所や時代で変化する。そのため経済的価値と社会的価値を単純に足し合わせることはできない。しかし、2つの価値基準が存在し、その両者のバランスが重要であることは間違いない。

本書で SSC の全体像を提示し、すべてを矛盾なく解説できたとは思えないが、本書の執筆に携わった著者らと、SSC の提案に至る議論に参加した小委員会メンバーの忌憚のない意見をまとめたものである。本書がこれからの持続可能な都市政策に向けてのヒントや、今後の議論の一助となれば、著者および関係者一同の望外の喜びである。

著者略歴（敬称略（2025年2月現在））

■編著者

森本　章倫（もりもと・あきのり／担当：2章、おわりに）

早稲田大学 理工学術院 創造理工学部 教授、博士（工学）（早稲田大学）

1992年 早稲田大学大学院 理工学研究科 博士課程 単位取得退学

1991年より早稲田大学助手、マサチューセッツ工科大学（MIT）研究員、宇都宮大学助手、助教授、教授などを経て、2014年より現職

長田　哲平（おさだ・てっぺい／担当：5章）

宇都宮大学 地域デザイン科学部 准教授、博士（工学）（宇都宮大学）

2006年 宇都宮大学大学院 工学研究科 博士後期課程修了

2005年より宇都宮市総合政策部政策審議室市政研究センター、東京大学大学院特任助教、国際航業株式会社、日本大学助教、2013年より宇都宮大学助教を経て、2020年より現職

■著者

古池　弘隆（こいけ・ひろたか／担当：はじめに）

宇都宮共和大学 シティライフ学部 特任教授、Ph.D.（ワシントン大学）

1970年 米国ワシントン大学大学院 博士後期課程修了

1971年よりカナダ・ブリティッシュ・コロンビア大学研究助手、カナダ・BC州立研究所計算センター長、1985年より宇都宮大学工学部教授、2006年より宇都宮共和大学教授を経て、2015年より現職

中井　秀信（なかい・ひでのぶ／担当：5 章 4 節）

東京電力リニューアブルパワー株式会社　風力部　プロジェクト推進センター　洋上風力プロジェクト担当、技術士（建設部門）

1989 年 早稲田大学大学院 理工学研究科 建設工学専攻　修士課程修了

1989 年 東京電力株式会社入社　大型架空送電線（500kV）プロジェクト、大型揚水発電プロジェクト、高速道路プロジェクト（当時日本道路公団派遣）、海外コンサルタント事業、メガソーラ発電プロジェクト、中小水力発電プロジェクト、陸上風力発電プロジェクト、洋上風力発電コンサルタント事業等を経て、2020 年より現職

古明地　哲夫（こめいじ・てつお／担当：3 章）

株式会社三菱総合研究所社会インフラ事業本部 副本部長

1993 年 早稲田大学大学院 理工学研究科 建設工学専攻 修士課程修了

1993 年 株式会社三菱総合研究所入社、2023 年より現職

越野　隆夫（こしの・たかお／担当：3 章 2 節、3 節）

パシフィックコンサルタンツ株式会社本社 事業推進部 市場戦略室 担当課長、技術士（建設部門）

1994 年 大阪工業大学 工学部 土木工学科卒業

1994 年 パシフィックコンサルタンツ株式会社入社、中国支社 技術部 鉄道課に配属、1998 年より交通基盤事業本部 鉄道部 鉄道計画室を経て、2024 年より現職

松橋　啓介（まつはし・けいすけ／担当：1章）

国立研究開発法人 国立環境研究所 社会システム領域 室長、博士(工学)（東京大学）

1996年 東京大学大学院 工学系研究科 都市工学専攻 修士課程修了

1996年 環境庁国立環境研究所研究員、2008年より筑波大学システム情報系（連携大学院）を兼務、2013年より現職

渋川　剛史（しぶかわ・たけし／担当：3章2節、3節）

株式会社福山コンサルタント 新領域推進室 室長、博士（工学）（早稲田大学）、技術士（建設部門）

2019年 早稲田大学大学院 創造理工学研究科 建設工学専攻 博士後期課程修了

1995年 株式会社福山コンサルタント入社、道路計画、都市交通計画、地域計画などの業務に従事し、2023年より現職

伊藤　克広（いとう　かつひろ／担当：3章1節）

国際航業株式会社　事業統括本部　東北技術部　道路交通担当課長、技術士（建設部門）

1998年 岩手大学　建設環境工学科卒業

1998年 国際航業株式会社入社、2009～2010年 国土技術政策総合研究所に出向、2011年より同社 第一技術部 主任を経て、2018年より現職

大門　創（だいもん・はじめ／担当：4章、6章1節）

國學院大學 観光まちづくり学部 准教授、博士（工学）（宇都宮大学）

2008年 宇都宮大学大学院 工学研究科 博士課程修了

2008年より一般財団法人計量計画研究所、2017年より福山市立大学都市経営学部准教授を経て、2022年より現職

浅野　周平（あさの・しゅうへい／担当：4章、6章1節）

福井大学 学術研究院工学系部門 建築建設工学講座 講師、博士（工学）（早稲田大学）

2019年 早稲田大学大学院 創造理工学研究科 建設工学専攻 博士後期課程修了

2017年 早稲田大学助手、2019年より福井大学講師を経て、2023年より現職

松本　隼宜（まつもと・じゅんき／担当：3章2節、3節）

株式会社福山コンサルタント 交通・環境マネジメント事業部 交通管理・計画 東京グループ

2018年 宇都宮大学大学院 工学研究科 地球環境デザイン学専攻 博士前期課程修了

2018年 福山コンサルタント入社、道路計画、都市交通計画、地域計画などの業務に従事し、2020年より現職

高山　宇宙（たかやま・こおき／担当：5 章 1 節）

大阪産業大学　建築・環境デザイン学部　建築・環境デザイン学科　講師、博士（工学）（早稲田大学）

2021 年 早稲田大学大学院　創造理工学研究科　建設工学専攻 博士後期課程修了

2019 年 早稲田大学助手、2021 年より大阪産業大学 工学部 都市創造工学科 講師を経て、2025 年より現職

加納　壮貴（かのう・そうき／担当：5 章 3 節）

株式会社建設技術研究所 中部支社 道路・交通部（東京本社 資源循環・エネルギー部 兼務）

2018 年 宇都宮大学大学院 工学研究科 地球環境デザイン学専攻 博士前期課程修了

2018 年 株式会社建設技術研究所入社、中部支社 道路・交通部を経て、2023 年より東京本社 資源循環・エネルギー部へ派遣

冨岡　秀虎（とみおか・ひでとら／担当：6 章 2 節、3 節）

早稲田大学 創造理工学部 社会環境工学科 助手、修士（工学）（早稲田大学）

2020 年 早稲田大学 創造理工学研究科 建設工学専攻 修士課程 修了

2020 年 一般財団法人計量計画研究所、早稲田大学スマート社会技術融合研究機構を経て、2024 年より現職

土木学会エネルギー委員会「スマートシェアリングシティ研究小委員会」名簿

※ 土木学会フェロー会員

役　職	氏名	所属	部署	役職
顧　問	古池　弘隆	宇都宮共和大学	シティライフ学部	特任教授※
委員長	森本　章倫	早稲田大学	理工学術院 創造理工学部	教授
委　員	大野　寛之	独立行政法人自動車技術総合機構　交通安全環境研究所	交通システム研究部	主席研究員
委　員	松橋　啓介	国立環境研究所	社会システム領域 地域計画研究室	室長（研究）
委　員	室田　篤利	(株)三菱総合研究所	社会インフラ事業本部	嘱託研究員
委　員	小笠原　邦洋	小笠原邦洋技術士事務所		
委　員	阿久津　富弘	(株)大林組　本社	土木本部　生産技術本部 生産施設技術部 第三部	部長
委　員	嶋野　崇文	パシフィックコンサルタンツ(株)	プロジェクトイノベーション事業本部	エグゼクティブ・プロジェクトマネージャー
委　員	上原　登志雄	(株)トーニチコンサルタント	管理本部	本部長
委　員	渋川　剛史	(株)福山コンサルタント	新領域推進室／ システム管理部	室長／部長
委　員	松本　隼宜	(株)福山コンサルタント	東京支社 交通管理・計画グループ	
委　員	加納　壮貴	（株）建設技術研究所	東京本社 資源循環・エネルギー部	
オブザーバー	冨岡　秀虎	早稲田大学	創造理工学部 社会環境工学科	助手
オブザーバー	李　嘉盛	早稲田大学	創造理工学研究科 建設工学専攻	修士1年
委員兼幹事（幹事長）	長田　哲平	宇都宮大学	地域デザイン科学部	准教授
委員兼幹事	浅野　周平	福井大学	学術研究院工学系部門 建築建設工学講座	講師
委員兼幹事	伊藤　克広	国際航業(株)	東北技術部	道路交通計画担当課長
委員兼幹事	越野　隆夫	パシフィックコンサルタンツ(株)	事業推進部 市場戦略室	担当課長
委員兼幹事	古明地　哲夫	(株)三菱総合研究所	社会インフラ事業本部	副本部長
委員兼幹事	中井　秀信	東京電力リニューアブルパワー(株)	風力部 プロジェクト推進センター	プロジェクト・マネージャー
委員兼幹事	松村　明子	ショックジャパン(株)	企画開発部	
委員兼幹事	大門　創	國學院大學	観光まちづくり学部 観光まちづくり学科	准教授
委員兼幹事	高山　宇宙	大阪産業大学	工学部 都市創造工学科	講師
委員兼幹事	田部井　優也	福岡大学	工学部 社会デザイン工学科	助教

（令和6年10月1日現在）

定価 2,706 円（本体 2,460 円＋税 10%）

スマートシェアリングシティ

令和 7 年 3 月 10 日　第 1 版・第 1 刷発行

編集者……公益社団法人　土木学会　エネルギー委員会
スマートシェアリングシティ研究小委員会
委員長　森本 章倫
発行者……公益社団法人　土木学会　専務理事　三輪　準二

発行所……公益社団法人　土木学会
〒160-0004　東京都新宿区四谷 1 丁目無番地
TEL　03-3355-3444　FAX　03-5379-2769
https://www.jsce.or.jp/
発売所……丸善出版株式会社
〒101-0051　東京都千代田区神田神保町 2-17 神田神保町ビル
TEL　03-3512-3256　FAX　03-3512-3270

ISBN978-4-8106-1122-9
印刷・製本：（株）平文社／用紙：（株）吉本洋紙店